北京舞蹈学院
70周年校庆
系列丛书

Portfolio of Teachers from
Stage Design Department, BDA

Edited by Ren Dongsheng
Bai Wenguo　Zhou Lixin

任冬生　白文国　周立新　主编

北京舞蹈学院舞台美术系教师设计作品分析集

文化艺术出版社
Culture and Art Publishing House

图书在版编目（CIP）数据

北京舞蹈学院舞台美术系教师设计作品分析集 / 任冬生, 白文国, 周立新主编. -- 北京：文化艺术出版社, 2024.8. — (北京舞蹈学院70周年校庆系列丛书).
ISBN 978-7-5039-7636-0

Ⅰ.J813

中国国家版本馆CIP数据核字第2024V5F810号

北京舞蹈学院舞台美术系教师设计作品分析集

主　　编	任冬生　白文国　周立新
责任编辑	叶茹飞
责任校对	董　斌
封面设计	顾　紫
版式设计	马夕雯
出版发行	文化藝術出版社
地　　址	北京市东城区东四八条52号（100700）
网　　址	www.caaph.com
电子邮箱	s@caaph.com
电　　话	（010）84057666（总编室）　84057667（办公室） 　　　　84057696—84057699（发行部）
传　　真	（010）84057660（总编室）　84057670（办公室） 　　　　84057690（发行部）
经　　销	新华书店
印　　刷	北京雅昌艺术印刷有限公司
版　　次	2024年9月第1版
印　　次	2024年9月第1次印刷
开　　本	710毫米×1000毫米　1/16
印　　张	19.25
字　　数	228千字
书　　号	ISBN 978-7-5039-7636-0
定　　价	128.00元

版权所有，侵权必究。如有印装错误，随时调换。

北京舞蹈学院 70 周年校庆系列丛书
编委会

主　任

巴　图　许　锐

副主任

邓佑玲　惠　彤　苏　娅
高　度　张建民　张　军

委　员

李　卿　程　宇　张海君　项　菲
阮　伟　张延杰　胡淮北　张立军
张云峰　李　馨　刘　轩　宋海芳
张晓梅　黄笑冰　党　奇　黄　凯
任冬生　白　涛　周　鹏　刘　洁

秘　书

雷斯曼　张乐雁

《北京舞蹈学院舞台美术系教师设计作品分析集》
编委会

主　编

任冬生　白文国　周立新

委　员

魏　静　吕修峰　刘　莹　张华杰
秦　烨　徐晓彤　曾　卫　罗丽华
吴　蕾　吴　振　时铭涵　陈晓君
周津羽　张圆圆　张一鸣　李　苗

总 序

  静水流深,沛然莫御。人类通过舞蹈艺术感知生活、阅读社会、理解时代,因舞蹈之灵动和诗意,文明变得更加熠熠生辉。

  在被誉为"舞蹈家摇篮"的北京舞蹈学院就聚集着这样一批人,他们以对舞蹈教育的赤诚之心、踔绝之能和鸿鹄之志提炼生活、传播文化、承载文明。从香饵胡同、白家庄、陶然亭到今日的万寿寺1号,七十载舞榭艺堂,七十载秋月春风。

  历史是人类一切成就和进步的见证,也是未来的引领。欲流之远,必浚其源,唯有敬畏传统,礼敬前贤,守正创新,拾阶而上,方可青山依旧,绿水长流。站在70年办学的历史之巅,我们抚今追昔,凭高望远,倍加珍惜前辈先贤奠定的坚实教育基业,愈加敬畏中国舞蹈波澜壮阔的发展历史。

  回眸70载,北舞人因事而化、因时而进、因势而新,始终坚持"双百"方针、"二为"方向和"双创"指引,以中国舞蹈教育"国家队"的责任引领发展方向。北舞始终是新中国舞蹈教育的奠基者、舞蹈教育体系的创建者、舞蹈高端人才的培养者、舞蹈先进观念的引领者、舞蹈先锋作品的研创者。学院积淀了中国舞蹈教育近现代发展的历史底蕴,借鉴国际舞蹈发展的最新成果,形成具有鲜明中华文化属性和开放包容特质的办学传统，成为中华舞蹈文化的守正创新者，使中国舞蹈成为世界舞蹈中具有鲜明文化辨识度的重要组成部分。

木铎金声，滋兰树蕙。回眸70载，学院先后培养了19195名学生，其中4475名中专生、7730名本科生、1953名研究生、380名留学生、4657名继续教育学历生。这些人才支撑了新中国不同时期对舞蹈高端人才的基本需求。70年来，我们将舞蹈艺术教育的触角探向丰富多彩的美育世界，非学历教育覆盖5.51万人次，舞蹈考级教育覆盖1100万余人次，培训专业从业人员125万余人次，这让舞蹈艺术的光辉几乎照亮全中国每一个角落，可谓"芝兰绕阶，桃李满园"。

回眸70载，学院集聚了全国最优秀的舞蹈师资，先后有1547名教师在校园里披星戴月，播种耕耘，甘为人梯，筑梦桃李，形成集成牵引的人才矩阵、近悦远来的人才生态和名师荟萃的聚才效应。"人事有代谢，往来成古今。"历代北舞教师听党话、跟党走，心怀祖国人民，响应时代号召，追求艺术理想，以身许国，以舞言志，对事业矢志追求，对同道热情托举，对学生真诚关爱，既为经师，亦为人师。

"岁月不居，时节如流。"回眸70载，新中国舞蹈教育事业与时代同行，不断成其大，就其深，中国式现当代舞蹈事业蒸蒸日上，蔚然成林。回溯峥嵘岁月，有风雨如晦，有惊涛拍岸，北舞前贤砥砺廉隅，依然坚忍不拔，孜孜以求，昨今往事，均付时光。他们以舍我复谁的气度、负重致远的担当，筚路蓝缕，以启山林，无顾寒俭之素，无畏创基之艰，无常、无我、无畏，先觉、先行、先创，"羊公碑尚在，读罢泪沾襟"。

犹记得，那天，在漫天之雨中，我们涕零如雨，缅怀奠基学院事业的首任校长戴爱莲先生，追念创校前辈们的风雨人生；那天，我们在学院内树立吴晓邦先生塑像，学术性复原先生正在佚失的舞蹈作品；那天，我们纪念陈锦清院长，从家属手中接过沉甸甸的工作笔记；那天，我们在人民大会堂纪念贾作光先生诞辰一百周年，在国家大剧院再现先生创演的作品……至今，一系列"礼敬前贤，致敬大先生"的活动仍在进行中。

事变境迁，皆有所以。在学院 70 年院庆之际，我们追溯既往，审思当下，镜鉴未来，便有了学院系列文化计划。

我们通过"70 年 70 堂公开课计划"，遴选出 70 堂代表性课程，聚焦教育教学和人才培养核心领域，沉淀办学历史，展示办学成就，汇聚办学力量，研发课程课例，实现典型示范，分享教育资源，赓续教学传承。

我们通过"70 年 70 部原创小微作品扶持计划"，搭建舞蹈学府积累知识、创造学问、滋养文化的平台，助推学院优秀教师及青年学子苦心向学，探索未知，以创促学，化茧成蝶，激醒编创欲望，激发编创潜能，激活艺术机制，激励艺术创造。

我们通过"70 年 70 部短视频传播计划"，利用数字化媒介收集、整理、传播学院优秀的教育案例、有价值影响力的校园生活、代表性艺术家和艺术活动，向社会输出有能量、有高度、有温度的舞蹈文化。

我们通过"70 年 70 部优秀著述出版计划"，披沙拣金，掇菁撷华。几代北舞人撰书立学，以著述表达思想，以研究探索未知，在传承弘扬北舞文化传统上见人、见事、见情、见思想、见文化。

我们希望此书系面对时代的变迁、社会的转型、艺术的发展、审美的变化，以强烈的历史主动性、以自觉的艺术教育思考向舞蹈的至深处进军，理解艺术真谛，把握艺术规律，捕捉舞蹈发展新气息，创造舞蹈文化新场面，引导舞蹈艺术新风尚，不断突破认知边界，以对艺术更深刻的理解驱动舞蹈教育面向未来的发展。

我们希望通过此书系能梳理学院教育制度沿革的历史、学科专业发展的历史、课程教材发展的历史，梳理代表性教师、代表性课程、代表性教材、代表性学术成果、代表性剧目创作及代表性艺术教育观念，更深刻地反映中国舞蹈教育发展的理论高度、思想深度、实践厚度、情感温度，成为呈现中国舞蹈教育历程的信史、揭示中国舞蹈教育规律的密钥。

我们希望此书系能深刻总结北舞人特有的精神世界，即站在巅峰依然眺望远方的鸿鹄之志、海纳百川的艺术观念、接续发展的科学战略、自我革命的进取之心、敏言力行的优良作风、团结合作的统一步调、激发艺术活力的民主风气。自觉弘扬历代北舞人在艺术教育过程中所体现的政治坚定的立场，历史主动的精神，开放包容的气度，求是致用的作风，实践思维的方法，文舞相融的观念，爱国爱校爱舞蹈的情怀和为人民而舞、为时代建功的价值追求。

我们希望此书系能主动聚焦国家重大文化战略需求，系统回答舞蹈艺术领域的人民之问、时代之问、中国之问、世界之问，研究解决事关中国舞蹈特别是舞蹈教育全局性、根本性、关键性的重大问题，全面构建中国特色舞蹈艺术的学科体系、学术体系、话语体系，为舞蹈教育面向未来的发展提供理论先导。以学术的方式让美的艺术更有文化，让美的涵养更加厚重。

我们希望此书系能认真总结历代北舞人探索未知、及锋而试的勇气，不期修古，不法常可，随时势而脉动，立潮头而奋发，实现传统与现代的有机衔接，打开舞蹈教育创新空间，以先进舞蹈文化的真理之光激活优秀办学传统的基因，推动舞蹈教育的生命更新和现代转型，推动优秀办学经验和传统文化的创造性转化和创新性发展，建设中华民族现代舞蹈文明。

"江山留胜迹，我辈复登临。"对历史最好的礼敬就是创造新的历史，对传统最好的礼敬就是创造现代文明。当今正是春风时，建设中国舞蹈高端人才培养中心、中国舞蹈学术研究中心、中国舞蹈作品研创中心、中国舞蹈文化传承创新中心、中国舞蹈数字教育中心的宏图正在北舞全面展开。我们应以先进的舞蹈教育观念、优质的舞蹈教育扩容、贤哲云集的人才变量效应，以及更自觉的舞蹈学术、学院风格的舞蹈创作、更开放包容的舞蹈教育国际化、舞蹈教育的数字化赋能、舞蹈课堂中的革命风暴迎接未来。

"天地英雄气，千秋尚凛然。"人类的具体历史，一定是所有人的历史，每个人和每件事都将被铭记在历史长河中。70年来，是无数或知名或不知名的北舞人的具体历史实践，所贡献出的光和热，带给我们无限温暖和精神力量，形成了独属于北舞的精神世界。回眸70年激情的历史和光辉的岁月，是几代北舞人的拼搏、奋进、勇气和担当，是几代北舞人传承有序、艺脉相承的生动缩影，代代滋养，代代花开。我们谨以本套书系向过去、当下和未来忠诚献身舞蹈教育者致敬。

北京舞蹈学院党委书记

北京舞蹈学院党委副书记、院长

2024年7月

前言

  《北京舞蹈学院舞台美术系教师设计作品分析集》是北京舞蹈学院建院 70 周年系列著作之一，是舞台美术系老师们辛勤付出和智慧的结晶，是老师们对设计作品和教学的分析总结。作品分析集的出版，将成为同学们学习的重要参考资料，对北京舞蹈学院的学科建设、专业学习及学术交流具有很大的推动作用。本作品分析集在编写过程中难免会有错误和不足之处，望大家批评指正，多提宝贵意见。

北京舞蹈学院舞台美术系
2024 年 5 月 23 日

目录

001 百年的史诗,情感的时空 / 任冬生
　　——大型情景史诗《伟大征程》舞美设计与呈现

015 相浸艺境 同聚经典 / 周立新
　　——两部舞蹈作品的舞美设计体会

027 韵动的舞台意象 / 周立新

042 舞蹈的设计・设计的舞蹈 / 周立新

057 大师作品解构与重塑 / 刘莹

072 北京舞蹈学院抗疫群像创作感想 / 张华杰

080 敦煌舞蹈服饰案例分析 / 陈晓君

091 立象以尽意 / 魏静
　　——谈舞蹈服装设计创作

106 数字时代科技赋能北京文旅创作社会调查 / 吴振

133 舞剧侧光光位的运用思考 / 时铭涵

146 原创舞台剧《影・响》灯光设计分析 / 周津羽

152　大型民族歌剧《蔡文姬》的灯光设计与灯具运用分析　/　白文国

167　灯光语汇与画面审美探讨　/　白文国

181　浅议《雨夜》的灯光设计构思　/　白文国

189　以创演怀柔区宝山镇道德坑村红色情景剧《一碗羊汤》为例　/　张圆圆

200　舞台表现中的前沿科技与艺术　/　吴振

　　　——2022北京冬残奥会开闭幕式的视觉创作

213　窥见罗密欧·卡斯特鲁奇舞台艺术中"白色战略"背后的衣服　/　吴蕾

225　浅谈风景写生构图　/　吕修峰　侯伟

233　写实类舞台布景CG效果图制作案例分析　/　罗丽华

243　浅析数字绘画的发展与风格变迁　/　张一鸣

251　带您看懂毕加索　/　秦烨

　　　——西方绘画中的抽象与具象因素

270　"形态构成"课程教学解析　/　徐晓彤

277　设计元素的创新融合在舞台人物造型中的视觉呈现　/　曾卫

　　　——以高校联盟人物造型设计大赛作品为例

百年的史诗,情感的时空
——大型情景史诗《伟大征程》舞美设计与呈现

任冬生

庆祝中国共产党成立100周年文艺演出《伟大征程》,以大型情景史诗形式呈现,综合运用多种艺术手段和最新的演艺科技,整体形式和视觉效果恢弘磅礴,生动展现了中国共产党百年来波澜壮阔的光辉历程。(图1)作为演出的舞美总设计,本文主要阐述舞美设计的创作理念及方案呈现。

图1 演出现场

一、舞美设计的总体要求

隆重庆祝中国共产党成立 100 周年，是党中央从全局和战略高度作出的重大部署，是党和国家政治生活中的大事。要求庆祝活动盛大庄严、气势恢宏、礼序乾坤、乐和天地，充分体现仪式感、参与感、现代感，办出中国风格、中国气派、中国风采，起到统一思想、凝聚力量、振奋人心、鼓舞士气的作用。

因此，本次舞美设计以隆重、简约、满足演出基本功能需要为主旨。在舞美视觉设计上，兼顾盛典、歌舞、戏剧等多种艺术形式的表演情景需求，无论在现场，还是电视转播中，都要体现情景史诗式、沉浸式的观演感受，既需要空阔的大场景，又需要强烈的指向性来满足空间场景的变化。既要在时间脉络上还原各个历史场景的年代感，还要兼顾大国气派，创造出一场具有恢弘气势的史诗性演出。

二、舞美设计的难点及思路

（一）舞美设计的难点

1. 本次演出是命题作业，演出意义重大，舞美设计责任重大。演出定位是"大型情景史诗"，场地设在国家体育场（鸟巢），演出需要立足历史，放眼未来，展现自 1921 年以来中国共产党的百年征程。

2. 与"镜框式舞台"相比，鸟巢是"开放式舞台"，舞美体量巨大，参与人数众多，设备数量庞大且复杂，对户外演艺设备的防护性能及适应能力要求特别高，必须保证安全性。

3. 本次演出的舞美设计需要与舞台搭建工程具体进度有机衔接，这是艺术与工程技术的直接碰撞。工程体量大、施工周期短、多工种交叉作业。且项目创作恰逢疫情期间，很多工作受到限制。

4. 鸟巢主场地的特殊情况下，载荷受限，为舞台搭建带来诸多限制。

（二）舞美设计思路

舞美设计充分利用国家体育场的超大容量，形成多层次、立体交叉的表演空间，多点展示丰富的内容和细节。将《伟大征程》演出舞台打造成最大沉浸式剧场舞台（将鸟巢变成一个大剧场的概念），利用LED背景主屏幕及多个侧屏、地屏共同组成一个多媒体立体空间，营造强大视觉冲击力，给予观众无与伦比的视觉观感。

三、舞美设计方案及实施

（一）创作前期的准备

2020年春节前后，开始方案构思，前期制作了在人民大会堂、天安门广场、鸟巢、长城、工人体育馆等场地演出的多个舞美方案。2020年3—4月，主创人员开始集中学习、阅读大量历史资料。6月，导演组和主创团队前往上海中共一大会址、嘉兴南湖等地采风，商讨剧本和舞美方案，此时正式确立鸟巢演出场地的方案。之后，舞美团队根据演出文本，制作舞美设计图，经历了100多稿的修改，2021年春节后，舞美设计方案敲定。

2021年2月底，在北京昌平阅兵村进行B场地1∶1模拟舞台搭建。4月1日，进入鸟巢搭建临时演出A场地，构建号称全球最大沉浸式"剧场"。舞台主屏幕架体总长174m，宽15m，高39m。此外，还有二道副屏架体长65m，高10.5—23.5m；一道副屏架体长32m，宽8.4m，高9—18m。其中，主屏和二道副屏架体还穿插钢结构施工。整个架体工程共用10万多立方米脚手架搭设，2000吨配重吊装，1500吨钢结构安装，8000多块屏幕安装，从顶棚到架体上遍布灯光、投影，上空的威亚也需要穿插施工。施工高峰时期，同一场地内有13台吊车同时作业。（图2）施工全过程质量监督检验工作不断强化。5月20日，鸟巢演出场地搭建完成验收。

图2　舞台搭建现场

（二）舞台空间分布

整个舞台空间结构由边幕（四道旗帜形状的副屏）、大天幕（后区主屏幕）、升降舞台、台口（摇臂）、戏剧表演（旋转舞台）等组成。（图3）

整个舞台纵196m，深95m。舞台以结构性阶梯构成，采用灰色表面兼顾投影介质。在前期选择舞台台面装饰中，考虑到成像效果、投影介质、渗水性、耐损耐磨等因素，经过汽车、农用车、坦克等多种测试，最后确定选用550g白色拉绒地毯为整个表演区的投影介质。

1. 后区舞台

舞台的主表演区面积约为11000m²，占整个舞台的四分之三。舞台分为

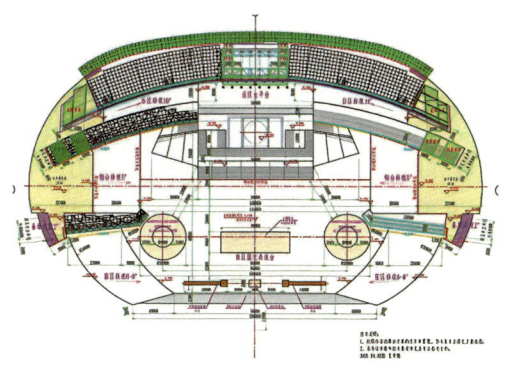

图3 舞台平面图

前后两个区域，后区正对观众席是有记录以来搭建的最大屏幕，共8184m²。主屏宽170m，高29.5m，立面呈弧形环绕，两道副屏以旗帜飘扬的形象向外延伸，主副屏形成一个立体的多层次空间。主屏前的C位位置为后区大平台，主要高台尺寸宽50m，里面藏有一个可升降的大鼓。在后区大平台的前沿位置有8个可移动的台阶，每台8m×6m，不仅可实现自由移动，同时能实现原地自转的功能，采用电瓶车干电池进行供电。其中，4个台阶可以根据剧情的需求进行移动，配合情景表演，另外4个台阶还设计了特殊的带翻起机构，台面可以上翻，满足剧情的戏剧需求。为了便于演员的上下场，后区还预留了一个3m宽的通道（左右两个通道）。考虑到安全性、承重、演员上下场的隐蔽性等因素，台面采用双层台板承重、防滑地毯保护，兼具防水功能。

中国共产党党徽为镰刀和锤头组成的图案，是中国共产党的象征和标志，16m×16m的巨型立体党徽，也是此次演出中最为重要的设备。特定情景中，党徽会从主屏后缓缓升起。

2. 前区舞台

看似平静的台面下，通过多维度的高科技机械变化将空间划分，增加表演更多的可变性。前区舞台约3700m^2，承担大部分群舞节目。前区的构成主要有一个30m×9m的超大斜板翻转LED地屏，可以有角度地翻转起来，形成一个立面的动态布景。在翻转地屏的正前方，有一个5m×3m的升降舞台，能升到6m高的位置，用以拉近观演距离，聚焦细节画面，强化戏剧环境，完成特定的表演需求。升降舞台左右两侧各有一个18.5m×1.5m的摇臂，为了捕捉高空镜头，最大起高40°，高度可达10m。虽体型巨大，但可以角度任意，起到一个台口的功能。

为了满足戏剧的表演，前区舞台左右两侧各设置一个直径20m的多功能高频转台（也称：戏剧转台），每组戏剧转台由内外两个转台组成，外面的转台外径20m、宽5.5m，里面的转台直径9m、高4m，外加中心升降台高2.5m。（图4）可配合各种表演方式，做外环转、内圆转、内外同转、内外正反转、内圆边转边升等，营造多变场景，精准稳定地运行，助力完成即时拍摄同步投屏的创新表演形式。此外，配合后区8个翻转移动台阶，翻转屏幕、前区的摇臂和升降台等多个舞台机械相互组合变化，增加演员与舞

图4 戏剧转台

美结构的交流，在物理上将舞台划分出更多的形象演区，承载更多的空间设定和效果呈现。

为了满足战车开上舞台的需求，舞台前区两侧保留了两个 6m 宽的斜坡，可以将汽车开上去，以及运送大道具上去。

此外，整场舞台台阶踏步立面亮化装饰，选用防水 LED 全彩灯带，总长度 11000 米。

3. 舞美工程的实施

本次舞美设计历时 15 个月的创作，60 天的安装调试，2000 余平方米的平台，超过 3000 吨舞台用钢量。这项舞美工程体量巨大，其实施主要由浙江佳合文化科技股份有限公司、浙江大丰实业股份有限公司、中建一局、北京博维百纳展览展示有限公司等通力合作完成。

四、舞美视觉设计的综合呈现

（一）庄严肃穆的视觉力度和温度

党和国家的标志庄严肃穆，党徽的处理是演出中最重要，也是最难的一环，牵扯到如何呈现与如何出现。本次演出有两次重要的情节出现党徽形象，分别出现在演出的序幕和尾声。演出运用完全不同的方式，通过艺术的手法加大视觉张力，树立庄严的舞台形象。

党徽的锤头、镰刀，代表工人和农民的劳动工具，象征中国共产党是中国工人阶级的先锋队，代表着工人阶级和广大人民群众的根本利益，黄色代表光明。盛典序幕开始，3000 名演员手持发光灯牌，整齐划一地列成方队站满舞台，俯视地面。人海与黄色灯牌组成的巨大党徽形象赫然出现在舞台之上，象征着广大人民群众的力量。红歌嘹亮，烟花礼弹随之放响，拉

开演出的序幕。（图5）

尾声阶段，40m 的线程内，高达 16m 的实体巨大党徽在特制的钢结构中从屏幕后缓缓升起，闪耀金色光芒，全场影像流动似的汇集到一点；10 面巨大的旗帜跟随党徽同步升起。17000 名合唱团与演员将现场气氛推向最高潮，全场起立合唱《没有共产党就没有新中国》，伴随耀眼的光束与烟花，直到大屏上沿与鸟巢的碗口齐平，照亮整个舞台。巨大的实体党徽、巨大的实体旗帜，放大了视觉张力，使舞台显得无比神圣。平地而起的视觉震撼，为恢弘博大的文艺演出画上圆满的句号。（图6）

（二）从视觉记忆中提取和强化国家符号

百岁党健步步入新时代，大国气派与大国形象傲立东方，一定要有一个极具气势的"形象符号"纪念这段伟大的历史时刻，在"大"舞台展现"更大"的气场，用大鼓排列方阵，形成一种符号，创造新的视觉奇迹。

鼓乐歌舞《新的天地》，一面直径 10m 的巨型大鼓和 100 面大鼓在空中擂响。隐藏的机械臂大鼓魔术般从地仓缓缓升起，9 个演员在机械臂上随着大鼓旋转，大鼓的表演兼顾力度与气势，战鼓敲响新的天地；100 面大鼓与鼓手利用威亚吊起渐渐升空，场面大气磅礴、焕然一新，代表中国共产党的百年征程。大鼓与鼓手随着音乐漫游在鸟巢夜空，地面上身着金色服装的 500 名演员扛着红色大旗奔跑挥舞，布满整个舞台。灯光中的红色本属于重色系，为了加强红色的力度，4000 多台电脑灯共同将红色叠加投射在旗帜与服装上，延伸到舞台每一个角落，极致耀眼的红色使得表演力度加强到极致，气势如虹。拔地而起、从天而降的人与鼓的立体画面，形成强大的视觉说服力，讴歌百年庆典，再次将气氛推向更高潮。（图7）

图5 序幕《盛典》

图6 尾声《领航》

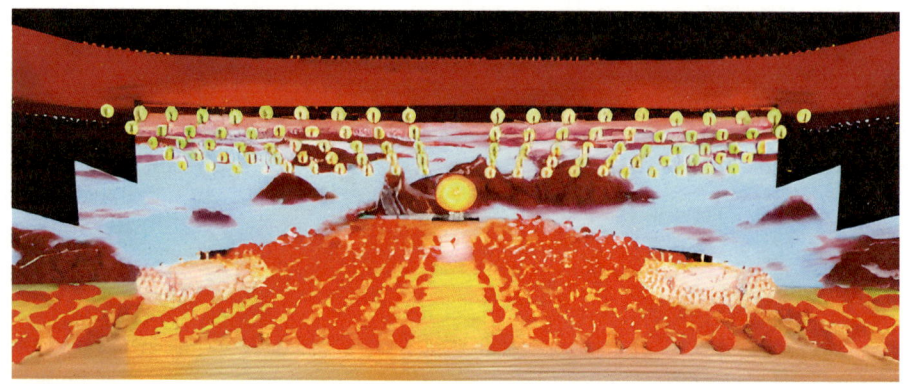

图 7　鼓乐歌舞《新的天地》

（三）多维度的大视觉展现大国气派

主屏结合副屏的舞美形象，第一眼看上去并不复杂。但是在鸟巢，一切结构都被极尽放大。主屏、副屏、地面近 200m 跨度的主舞台，与 180 台激光投影机投射影像相连接，整个鸟巢视觉范围所及之处，几乎被偌大的影像覆盖，演员表演完全融入影像的流动之中，形成交互性的沉浸效果。视觉形象需要强大的情感吸引力，无论是北大红楼、五四广场等历史场景（图 8），还是高山流水、山间田地的流动影像（图 9），都要深度还原从革命时期到社会主义新时代的历史特点。

当然，在"足够大"的时代里，也隐藏着"足够小"的场景空间。舞台两侧的戏剧转台，结合基于 5G 的即时电影拍摄技术，实现全球首次大型舞台剧的"即时摄影、瞬时导播、实时投屏"。无论是十八洞村和闽宁镇脱贫致富的故事，还是李侠、江姐、董存瑞的英雄事迹，通过机械的运动，使得观众快速聚焦视线，同时即时影像投放在大屏幕，进一步放大人物形象，使重要历史节点的戏剧情感力量直抵人心。

图8 舞蹈《破晓》

图9 舞蹈《春潮澎湃》

（四）戏剧光影的情感浓度

党的百年历程是见证中华大地由废到兴的变革，是见证辉煌的变革，是血与火的史诗展现。光影的色彩也应该是浓重立体的，特别是战场斗争的场面。血战湘江是一段悲壮史诗，红军将士视死如归，向死而生。伴随着大量烟雾，整排逆光从后平台射出，战士们透过光影留下拉长的影像，一排排的将士倒下台阶，灯光如血的红颜色，从平台上流动下来，红色与蓝色强烈的对比使得悲壮之情更加浓重。

舞台的宏大，使演员分立其中显得有些"渺小"。灯光极强的指向性，快速引导观众视线，体现出戏剧的光比质感。同时，配合影像效果塑造出空间场景，灯具更多地分布在侧光与耳光部分，而且大部分是切割灯，一方面将演员队形映射得更加立体，另一方面将演区缩小分离，配合保护影像的大视觉形象，在固态场景中更加融合。狱中就义，受苦的人们身戴铁链从

图10　舞蹈《只要主义真》

翻转台阶中走出，大面积的黑色中，主视觉屏幕一道光芒将牢窗打透，延伸至地面的投影上。（图10）侧光将铁链绑住的一排人从影像中提炼出来，光芒跟随着演员的脚步缓慢移动至台口，越来越亮，直至南昌起义的一声枪响开始武装革命的第一步，火光照亮舞台。（图11、图12））

图11　舞蹈《起义 起义》

图12　诗朗诵《强国力量》

五、结语

作为一部大型情景史诗，《伟大征程》的呈现元素不局限于音乐舞蹈，还包含大量戏剧语言，包含很多现代艺术语汇和高科技元素，集思想性、时代性、艺术性、创意性、科技性、高水准于一体。目前，国内演艺科技早已不局限于某项技术的创新，而是在集成方面实现突破，将声光电、计算机、通信、机械等技术与表演、拍摄紧密结合，实现艺术呈现的创新。艺术工作者的艺术创作与科技深度融合，打造独属于百年大党的气势与国家符号，堪称一场声光电的高科技盛宴。百年征程映照着一部中华民族历久弥坚、顽强奋进的壮丽史诗，在鸟巢举行的《伟大征程》，展现百年沉淀，开启了演出艺术与科技融合的新征程。

相浸艺境 同聚经典
——两部舞蹈作品的舞美设计体会

周立新

舞蹈剧场《艺·境》与舞蹈诗《向前进，向前进》是两部不同题材、不同表现形式、不同地域、不同观演群体的作品。然而放在一起谈对它们的创意构思，其间一定存在着某种共性，这种共性甚至使两部不相干的作品成为在精神层面上的"姊妹"。这种共性的产生不仅仅归于同一设计师这一客观事实的有限，更大程度地基于设计师给予两部作品以独特视角所产生的无限。由于视角的改变，于是一系列奇奇怪怪的想法和各式各样的视觉假设便喷薄而出，造就了属于舞蹈剧场气质的、具有一种独特意味的形式的产生。暂且将这不同的视角或视角的改变叫作"观念视角"，它使最朴素的视觉规律和最基本的设计方法，仿佛在瞬间具有了魔力，这有时真是一个设计师梦寐以求的事。

一、从凝视开始

《艺·境》是武汉市艺术学校出品的舞蹈剧场作品，通过《仪》《艺》《毅》三个章节聚焦民族精神。作品以楚国文化之礼仪有魂、民国时期之"师出有道，祖脉相承；师授有道，奉刻传薪"，以及当代之艺术无止境追逐梦想三个部分构成，作品旨在以时间为轴线，以传承为脉络，以大跨度的时空变换为主线，通过舞蹈语汇揭示精神层面的那一份坚守和自信。

立足荆楚大地独特的地域文化书写千年跨度的人文精神，无疑是摆在主创人员面前的课题，也是必须要很好解决的难题。这里所表现的艺人，承载着千年前楚文化的灿烂，代表着长江流域码头文化下世代人民的不屈不挠，同时更体现着当代逐梦人的拼搏与担当。从时间到空间，如何恰当地，而不是图解式地表现这一特质，是该剧成败的关键。作为演出的主体，舞蹈以"魂""道""梦"三段式表演构成，充分诠释了全剧的主题。创作者在追求审美品位和探索创新形式方面下了很大功夫。然而作为追求统一而又独特的舞蹈剧场，其整体的视觉形象如何表达，一直迟迟未决。一般来说，表现这三段的地域特征、历史特征与文化特征并不难，可是简单地将三者并列，却无论如何也不是这部作品所应呈现出的质感。貌似准确的一些环境形象，一旦以时间为顺序进行空间上的对等转换，就彻底成了图解式的背景，且毫无形式感和意义。在设计过程中甚至抛弃了具象性表达，力求在暗示、形式意味、隐喻等方向上做了颇多的尝试，结果都不能直抵心意。难道出发的原点错了吗？

　　的确如此。在经过了大量的失败、困惑甚至痛苦之后，在演出临近而仍然没有确定设计方案之时，那一刻我起身，绝望地面对眼前那堆积如山的资料、草图和闪烁的电脑屏幕，突然，一个念想清晰地闪现出来，那就是毫无目的的凝视。这种凝视没有时间、空间的制约，这种凝视是一切了然于心后不经意的回眸，这种凝视更是换了一个角度或改变了视觉距离而产生的幻觉。没错，就是它，我们在凝视历史、凝视文化，历史和文化不也同时在凝视我们吗？这种相互的凝视打破了时间和空间的逻辑顺序，成为一种纯粹的精神交流，这就是我所苦苦追寻的，同时也是《艺·境》等待着的。

　　舞台的主体形象是镜像的观众席，在浮雕观众席与真实观众之间的，是演员表演、地域特征、历史文化和时代精神。（图1—图6）

图1　浮雕观众席设计图

图2　浮雕观众席局部图

图3 开场投影效果图

图4 开场剧照

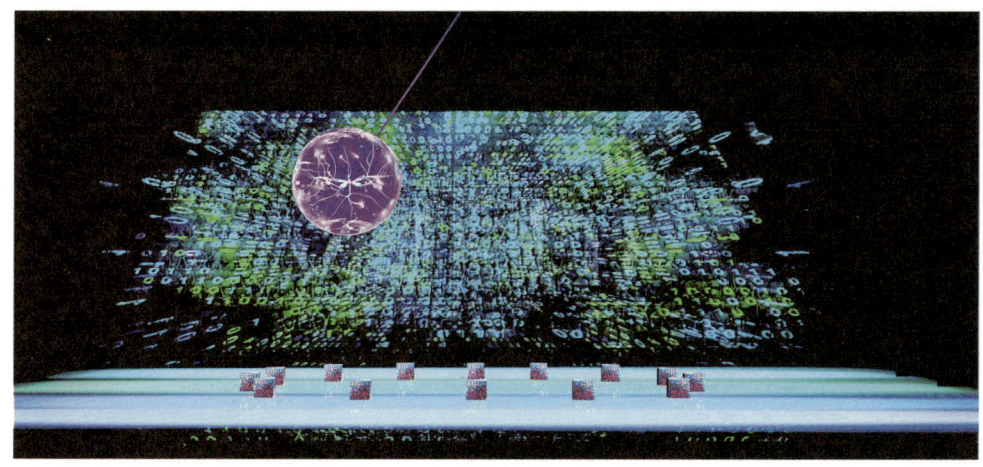

图5　设计效果图

图6　实际现场剧照

原创舞蹈剧场《艺·境》主创

出品人：聂磊｜导演：肖杰｜舞美设计：周立新｜音乐设计：柯皓然｜多媒体：吴振
灯光设计：胡俊东｜服装设计：杨丹｜造型设计：刘雅｜演出：武汉市艺术学校

二、以时间为轴线的相望

如果一条直线的两端是 a 点和 b 点，那么从 a 到 b，或是从 b 到 a，并不知道哪一点是起止点。如果加进了三维空间，那么本是二维的线和这条线两端上的 a 和 b，就会有空间当中实体的意义，它们遵循着一切三维空间中的法则。于是从 a 到 b 就自然加进了时间的概念，就有可能是从远到近，从旧到新，从古到今……反之亦然，这条线就立刻变成了时间的概念。这种时间与空间十分有趣的辩证关系，是进行舞蹈诗《向前进，向前进》舞美设计时首先认识到的。

舞蹈诗《向前进，向前进》是一部后现代主义风格特征的舞蹈作品。以时空穿梭意象构成结构基础，并构建一个"时空"链接点符号，通过娘子军的形象渗透在"建设大军"的劳动状态，隐喻精神时空意象的同步化。用舞蹈语汇使经典和创新两个范畴叠加时间链接和意象统一。通过角色形成对位的人物内心演化，提炼后现代主义的表现方法，充分体现以"时空穿梭意象"的作品构成，把时代凝成一个统一的中华民族精神价值的力量。

经典与当代在舞台上并置演绎，在主观上已经打破了时间的概念，即空间依旧，而时间已不是线性的存在。那么原本存在于时间轴线上的 a 和 b 两点也就可以不受时间的线性逻辑约束而任意组合了。换句话说，红色的经典与当代的元素可以自由并存于舞台空间中了。在舞美视觉的创造上，我首先想到并努力实现的是，在空间中消除时间。近大远小的透视规律，是绘画中的视觉定律。如果只从一点 a 出发观望 b 点，那就是符合空间、时间逻辑的透视，如果将从 a 观望 b 和从 b 观望 a 两幅透视画面同时置于一个空间当中，让观者（观众）作为第三方一并看到，那将会达到一种亦真亦幻、亦虚亦实的奇特感受，那是将两个不同时空的景象合理地摆在眼前，共

同塑造出一种全新的精神意境,这也许正是该剧需要的。(图 7)

　　舞台上是四个双面材质的固定翻板结构,每两个为一组,每一组分别遵循着各自的透视法则。双面材质分别是红绸与金属线。通过这样的并置,加之两组翻板通过舞台吊杆的升降,又在互为透视的基础上增添了仰视与俯视的视角变化,在简洁的结构中营造出丰富多变的视觉心理空间。时间原本作为轴线限制着相望的形态,然而将这一限制打破,相望便成了并置的形态,无疑增加了舞台空间上无限的可能,最大限度地提供了具有独特魅力的表现形式。(图 8—图 14)

图 7　透视示意图

图 8　红色旗帜设计图

图9 时光隧道设计图

图10 红旗近拉示意图

图11 时光隧道近拉示意图

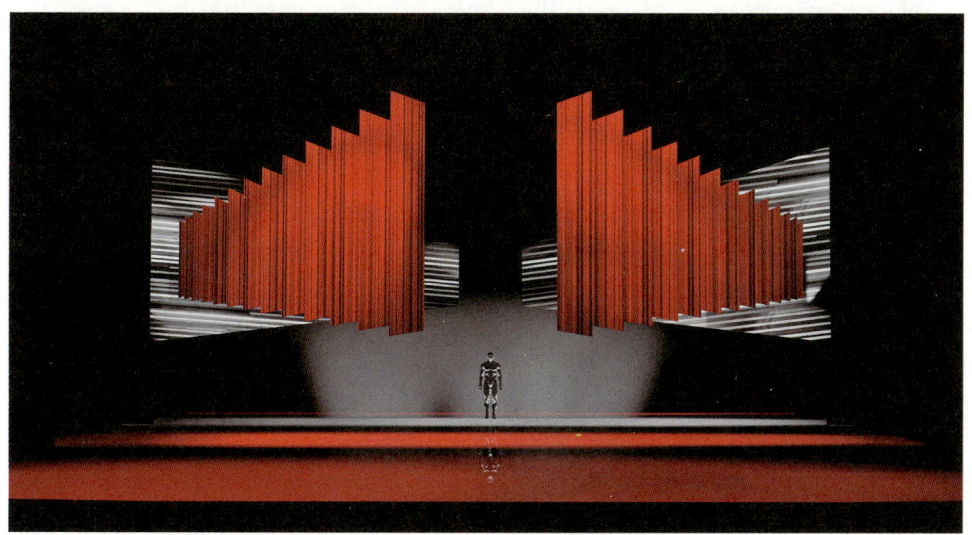

图12 旗帜与时光遂道并置

图13　演出剧照1

图14　演出剧照2

舞蹈诗《向前进，向前进》主创

总导演：万素｜音乐制作：北京左耳频率文化传播有限公司｜舞美设计：周立新
多媒体：吴振｜灯光设计：曹启林｜服装设计：路程｜造型设计：刘畅
演　　出：北京舞蹈学院芭蕾舞系、创意学院

三、身与心的浸没

作为两部时空跨度大且风格鲜明的舞台作品，舞台视觉设计的第一切入点往往是"正常"的视角、线性的逻辑思维。虽然调动了一切创意才思，运用了所有的技术技巧，却始终未能得其要领，创造出一个具有全新意味的表演空间。通过对上述两部舞台作品的舞美设计过程的反思，我得出了一个非常有价值的体会，即"观念视角"的决定性作用。尤其面对类似这样的命题式创作任务，面对题材与形式明确、观演关系固定的舞台创作时，作为舞台视觉设计者，要试着从固有的模式中走出来，从正常的时空逻辑中抽离出来，那么一定有机会遇见独特和美丽。

上述两个创作实例，在舞台视觉上似乎就是运用了"对望"或"相望"的视角变化概念，从而产生了一些不同于常规的舞台视觉形式。然而，一种形式的形成，必定有其内在的动因，而且，新形式未必就一定是合适的好形式，这里面含有一个情感逻辑是否合理和动人的问题。上文提到的"观念视角"，不是简单意义上的主观改变观察角度，而是先有观念。但是作为创作者，有时许许多多自认为有价值的新观念，实际上都是一种在潜意识层面里对别人的观念的重复。因此，在创作过程中那些追逐所谓"新""独""特"的观念，其实往往靠不住，也不能带来全新的作品呈现。因为，这些观念并没有融入自身的血液当中，也没有产生令自己信服的情感逻辑。这里所谈到的"观念视角"中的观念，是一种情感体验加理性分析，它根植于创作者内在素养所形成的情感逻辑，依托于灵活运用专业技能的经验和能力。基于这个观念，视角发生了指向性的改变，最终创造的形而下的视觉形式就不仅仅是在物理空间中所产生的简单情感的意义，而是身与心共同浸没于其中的意境了。

四、结语

面对一部作品的设计，当设计越深入、越接近"准确"的时候，越不能满足于仅仅提供一个背景环境，而是不由自主地试图将所有的形象语汇融入舞台动作和情感表达中去，寻找一切可能的时机深深地介入整个演出的过程当中。在设计过程中努力做到改变观念视角，力求达到符号象征意义的准确性、舞美形象的鲜明性以及人景合一的生动性，使整个舞台画面并不是简单意义上的"景"，而是运动中的"意"。没有什么办法，设计就是这样，在每一个所谓"灵感"来临之前，唯一能做的就是忍耐和不断探索，并坚信，你坚持的东西迟早会反过来拥抱你的。

韵动的舞台意象

周立新

昆曲之美的核心是"有声必歌，无动不舞"。现代昆曲怎样歌？如何舞？这个问题始终浸透在昆剧《曹雪芹》的创作与演出过程中。该剧以曹雪芹后半生在北京西山的生活经历为基础，分为"隐西山""忆红楼""绘纸鸢""逝香山"四幕，以身世为引、作品为线，塑造了一个博学多才、历经坎坷、济世爱民的文学巨匠形象。昆剧《曹雪芹》是昆曲与舞蹈、视听的跨界与融合，它打破了戏曲固有的程式身段，大胆借鉴了民族舞、古典舞的抒情元素，来丰富人物的肢体语言，塑造人物的精神世界。同时采用高科技手段，在符合古典与当代审美品质的基础上，创造出独特的舞台语汇，营造出至尚至美的精神境界。

一、探寻韵的意象

选用"韵"字是强调其字形左边为"音"，本义是和谐悦耳的声音，本文借以表达在舞台空间中所形成的高雅气韵和无尽意味。所谓"意象"是客观形象与主观心灵融合成的结构形式。本剧中有非常多的场景环境，比如北京西山、寺庙、江宁织造府、山水间、红楼贾府、大观园葬花、漕运码头、香山宅院、山野郊外等虚实相间的情景限定。同时采用戏中戏的结构、现实与幻化跳进跳出，使整部剧风格鲜明且非常具有张力。昆曲曲词典雅、

图1 "书"移动地屏效果图

行腔婉转,同时在传统戏曲身韵的基础上糅合了当代中国古典舞元素,突出了其写意性语汇的表达,强化了全剧的表现性与抒情性,呈现出一种独特的美感。如果仅以描绘环境为目的进行视觉空间的设计,势必失去这种诗一般的意味,同时也会造成平铺直叙的杂乱感。经过对剧中人物曹雪芹的深入了解,以及对昆曲、舞蹈身韵的研习,渐渐形成了设计理念,即以主观意象的表达涵盖具体环境的再现,以精神世界的笔墨渲染现实环境的基调。

所有的意象均是从一本书——曹雪芹精神世界的一方天地当中萌发而出。而这本书是由两块3米×6.5米的数控斜坡车台构成,并覆盖P6 LED地砖屏,通过编程控制其在舞台上的运动。(图1)"书"的意象确定后,那么所有环境的意象也随之而产生。

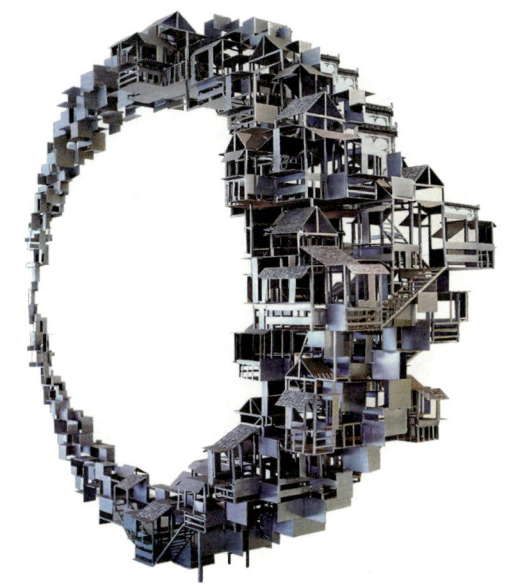

图2 "江宁织造府"一轮明月景

由于环境形象是意象化的,那么它们会具备以下几个特点:

(一)形象是主观创造的,但绝对不同于臆造,它是客观世界在头脑和意识中沉淀发酵后的再生世界,因此它不必遵循客观存在的真实逻辑,而是带以极强的象征意味在空间中重新解构。比如"江宁织造府"一轮明月般江南华府的意象,不但暗示了环境,更加具备了主观情感和时空的虚拟感。(图2)

(二)所有的意象都应在一种特定的精神格调限定下相互协调构成,也就是风格感一定要统一,是在同一语境下的统一语汇。这些非现实但却具象的视觉元素,一旦形式统一地不断聚集、更替出现,便会进入预先设定的情境之中,传达出独特的精神质感。比如"寺庙"和"北京西山"均采用浮雕的方式,沉淀后的单元元素被有序叠加,创造出了似真似幻的特定"形象"。(图3、图4)

图3 "寺庙"浮雕景

图4 "北京西山"浮雕景

（三）所创造的种种意象最主要的目的是营造独特的意境。因此它们的指向性要极其准确和鲜明。它们不以生活逻辑而存在，却以人物情感为依托；不以造型规律为法则，而以剧中特定的精神外化为视觉构成要素。有关意境的营造将在下文中详细阐述。

在舞台空间当中，意象化的表达不同于典型形象的表达，它们也许形似但意义不同。传统表现手法中的典型形象必须是鲜明的个体，用以指代或表现某个整体的性质特征。而创造出的舞台意象，实际上是具备象征性的一个实境，其作用与目的是直抵观众内心并使之产生波动和联想，从而萌生出精神世界中一个大大的虚境。

二、呈现韵的节律

大量舞蹈语汇的融入，使得昆剧《曹雪芹》的舞台质感发生了改变。该剧试图寻求一种现代昆腔歌舞诗画的艺术样态。就全剧的艺术呈现而言，显然与人们通常对昆曲的审美定式有别。该剧着眼于当代文化视域下的审美趋向，在力求营造写意、传神、诗化的舞台表演中，大量运用古典舞的群舞形态，造境、抒情、过桥、联结、衔接贯通，带给人们一种强劲的审美快感。因此舞台时空的转换也必须符合这种诗化下的律动。

首先使舞台时空律动起来的就是那两块 3 米 × 6.5 米的数控斜坡车台。我们通常用到电动车台，无论是有线还是遥控技术都已经非常成熟，都可以任意操控行进或停留在指定位置。可是，两块车台情况就大不一样了，要使它们能单独行走到位，同时还能精准对接为一块，随着节奏或快或慢、或分或离……其实并非易事。现今比较前沿的技术方式是红外雷达定位，但造价极高而且适用于驻场演出，对于剧场流动性演出极其不适合。经过技

图5　AGV 舵轮伺服驱动万向轮

术人员的研发，最终使用了六组 AGV 舵轮伺服驱动万向轮（图5），同时通过编程无线操控。由于这两个斜坡车台上均覆盖 LED 地砖屏，加之防滑钢化玻璃，使得每块车台重达1吨，同时不同剧场的舞台平整度不尽完美，因此车台的定位总会出现误差。面对重重困难，技术人员反复尝试和优化，最终使这两部车台超静音行进、组合并精准定位，可谓行云流水。技术上的完美支撑才使艺术的表现成为可能。

（一）开场"隐西山"，双平台合并成45度逆时针方向呈现"书"的静帧影像，随着音乐及戏剧情节的转换，双平台慢慢顺时针回0度方向，同时多媒体动画影像开始一页页慢慢翻开这本巨著，结合后区"西山"或隐或现的意象，像呼吸般进行了心理时空与物理时空的变换。（图6、图7）

（二）剧中有两处重要的同时也是精彩的对唱环节，曹雪芹与幻化出的宝玉在非现实空间当中，一次是合力推开山门，另一次是合力推开大观园沉重的大门。这两次戏剧行为均是在演唱的同时，虚拟地进行"推开"这一动作，要求舞台上有明确的空间、气氛变化。两块斜坡车台分别以湖面水波纹和纯白色块的意象，水平缓慢对开，随着节奏、随着情绪匀速移至舞台

图6 "隐西山"效果图1

图7 "隐西山"效果图2

图 8 "山水间"剧照

后区两侧,极大地渲染了两种情绪氛围的纯度和浓度,更主要的是将角色的内心情感鲜明地外化了出来,着墨不多而蓄意无尽。(图8、图9)

(三)韵动,是整部戏舞美意象化表达的主题。除了具有科技因素构成的双平台在运动之外,充分利用剧场传统吊杆的编程,也达到了时空与情绪的流畅转换。从"叹山水诗境"的吟唱和女子曼妙如梦的舞蹈,过渡到"石上松"的大段念白,一共利用四道吊杆以不同的速度上下升降、交替,使山、水中倒影、明月以及松柏的意象随着音乐节奏、唱念的抑扬顿挫、舞蹈调度和灯光色彩及质感的变化,有节律地"呼吸"流转。在这种动与静、变与恒、强与弱、行与止的迁换过程中,充分利用了意象性语言在物之外、

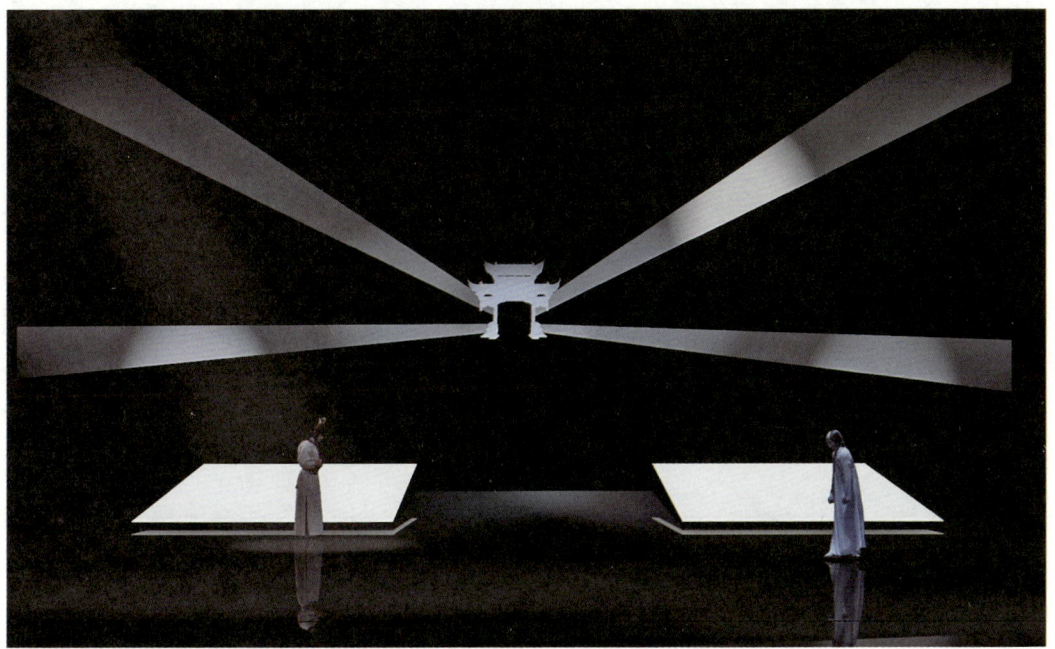

图9 "推开山门"效果图

情之内的自由组合，展现出精神世界在现实空间中的投影，加强了情感共鸣，营造出极强的艺术氛围。（图10、图11）

　　面对具有纯正中国古典美之基因的昆曲，尤其是这部融入舞蹈以及舞台综合语言的创新型、探索型昆剧，在舞台视觉空间中仅仅做到写意性的表达是不够的。无论是从单一层面的环境特征、时间更迭，还是立足多层面的情感表达、唯美展现，如果止于写意的维度，均显得附属和无生命力。笔者尝试以运动的方式，使舞台意象随着戏剧情节的推进、随着唱腔的抑扬顿挫、随着舞蹈身韵的婀娜曼妙，同呼吸共流转，通过韵的节律震颤内心、激发情感，力求在精神世界中共鸣、共美。

图10 "叹山水诗境"剧照

图11 "石上松"剧照

三、营造韵的意境

舞台意境的构成是以空间意象为基础的,是通过对意象的把握与经营得以达到"情与景汇,意与象通"的境界。"象"来自主观,由"意"生成,它与那种取自客观、模仿客观物象的艺术形象在本质上是不同的。意境有两大因素、一个空间,即情与景两大因素和一个审美想象的空间,这就是所谓的"境"。前文已提到追求特征性的典型形象创造,在昆剧《曹雪芹》中显然是不适用的。因此以意象的表达最终营造出至尚至美的意境,是该剧创作的目的也是审美的追求。其间需要牢牢把握的是意境的审美重点,即主观情志的抒发。

(一)留白空灵之境

虚实相生是中国传统美学理论中留白的要义,虚实是辩证的,互为依赖的。虚境是从实境中生发出来的,而实境也必通过虚境得以延展。在实体意象之外的空白处,其实一点也不苍白无物,而是蕴含着丰富、多变和灵动的想象空间与内心情感。"梦回江宁"一场,舞台上高悬月与乡府的意象,以及一片碧波外空无一物,既是梦境,又似乎在无尽的空白之处寄托着主人公于现实中的真切情感。它包含了一个"灵"的空间,这个空间似乎有无穷的景、无穷的意。它是曹雪芹心灵的归所,是为他而独辟的心理场域。这一场景同第四幕与幼子生死离别时的"冷月凄凄照碧空"遥相呼应,所不同的是在空灵之处增添了一笔悲凉与凄苦。(图12、图13)

(二)情景交融之境

情既生于景,景也寄于情,艺术氛围的感染力来自物象与想象共同的构

图12 "忆江南"效果图

图13 "残月"剧照

图14 "黛玉葬花"剧照

筑。塑造意象的基本原则是象征,然而这种塑造并不是目的,它的意义在于意象产生后能够创造出一个什么样的境,还要考虑情感因素在其中的占比和表达的准确度。实际上,情景交融是一种充满抒情性特征的理想表现形式,不是意象本体的属性,但在本剧的舞台呈现来看,有控制的意象相互作用、相互依存,形成了一种独特的场,而这种场又强烈地散发出统一的气息,这些气息完成了一件重大的任务,那就是情景交融。这种气场也许只有在舞台上才能充满灵性地出现吧。二幕戏中戏"葬花吟"一场,枯萎的干花象征着凋零与死亡;线装书的骨架象征着大观园冷酷的大门,投下长长的残影于花瓣之上。徐徐展开了一幅浓浓的感伤画卷:"已怜落花无觅处,更惜群芳凋姿容。花魂鸟魂总难留,风流空掩净土中!"情与景在这一刻神融气泰。(图14)

(三)唯美含蓄之境

中国传统美学当中崇尚极简、淡雅,这其实是对产生虚境的更高要求。

图15 "香山秋叶"剧照

这种以点带面正如古典园林造法中"江山无限量,都聚一亭中"的美学追求一样。而简淡精神气质的体现则是唯美。作为温婉雅柔之美的昆曲,其外在唯美化表现特征与内在写意性有着紧密联系,这就是其特有的韵味,是通过写意来达到唯美的过程。在我们的古典美学当中,从简淡到唯美一定是含蓄的,所追求的意境也是含蓄的。而意境的含蓄又是一种空灵的含蓄、透明的含蓄。要使舞台演出呈现出这些美学特征,同时观照创作观念与表达手法的当代性,使绝大多数人产生情感共鸣,并准确地感受到美、意会到境,其实是非常有难度的。纵然境的产生受文化、地域、时代的制约较大,那么姑且就先呈现美吧。"香山秋叶"一场,所有的秋思与伤感一定是透过这一片残叶感受到的,所形成的美与境,真所谓初发芙蓉,自然诚挚!(图15)

四、韵的结语

昆剧《曹雪芹》主创

编剧：吴蓓　王焱｜总导演：吴蓓｜导演：罗静文｜唱腔设计：王大元
音乐作曲：谢鑫｜舞美设计：周立新｜服装设计：阿宽｜编舞：宋昭蓉　黄龙标　赵紫恒｜灯光设计：唐铭｜道具设计：刘树祥｜造型设计：龚元
多媒体设计：田博｜平面设计：刘仙临｜指挥：邢骁｜打击乐设计、司鼓：孙凯｜司笛：关墨轩｜

　　首先呈上所有的主创人员，正是我们一起进行了一次大胆的舞台尝试。我们在舞台视觉空间中要同时面对传统与现代、高科技手段与程式化表演、古典美学与当代审美需求等诸多问题。之所以具备这样一次全新挑战的勇气，在于对唯美昆曲的极大崇敬和对舞台艺术深深的爱。

　　其次，作为舞美设计，在整个创演过程当中不断思考与探究如何使舞台表演在视觉空间中意象化的呈现，又如何使之发酵并产生特定的意境等问题，其主旨是不断寻找某种最精准的精神契合点，同时还能彰显舞台艺术的时代特征。也许一切永远在过程中，均还没有标准答案，但这也许就是舞台创作的魅力所在，一切努力的价值和意义在于：昆曲之美是一种虚拟之美、写意之美，是人的幻化之美在想象中共同完成的延伸，而艺术的使命恰恰就在于替一个民族的精神找到适合的艺术表现。

舞蹈的设计·设计的舞蹈

周立新

如今在舞台美术界流行一种新的说法，源自英文"Performance Design"，即将舞美设计称为"演出设计"或是"表演设计"。在某种意义上来讲它重新界定了作为舞台演出的视觉设计以全新的内涵及外延。早在2015年的布拉格国际舞台美术展上就首次提出了"表演空间设计"这一概念，随后在业内逐渐形成了一种学术研究与舞台创作的趋势，在包括中国在内的世界各国广泛盛行与受到推崇。在某种意义上来说它成为针对传统舞台美术设计的在观念上的一次革命，这是一种认识论，也是一种方法论。这一新定义的意义在于，在为戏剧表演而量身设计的同时也为设计本身提供了"表演"的可能。换句话说就是，舞美不再仅仅设计表演的背景，而是成为舞台行动的一部分，更多地、有机而又恰当地参与到表演当中去，使之成为一个具有整体性和当代表现性的舞台作品。舞蹈作品（本文特指舞剧）作为戏剧演出当中的一个重要形式，其当代性、观念性及表现性都极具鲜明特征，最大限度地满足视觉设计因素与之交融和共生的条件，具备着无论是舞蹈本体还是视觉造型都可以同时成为作品演出创造者的可能性。本文仅以舞剧《人生若只如初见》为例，探讨作为设计的被动因素与设计的主动条件之间的转换关系，进而对新的、不常规的舞台形式进行分析，通过对观念的再认识以及对在其影响下创作动机与呈现结果之间关系的解读，找寻路径及规律，力求获得有价值的研究成果。

一、扬典雅之风，聚毓秀之气

舞剧《人生若只如初见》是由海淀区委宣传部出品，由海淀区文学艺术界联合会、海淀区文化委员会等单位共同支持，由海淀区舞蹈家协会与北京舞蹈学院青年舞团创排完成的以清代第一词人纳兰性德的生平为创作背景的大型原创舞剧。他是时代的精英，是中华文化的符号，短暂的一生，却以其深远的影响力，书写出家国情怀的不凡一生。他以汉文化的修养和平民情怀，促进了民族情感和民族文化的融合；他是旷世奇才，以其文韬武略影响了康熙皇帝开创一代国家盛世；他与曹寅对生命的感悟和人生历程，影响了中华文化又一高峰《红楼梦》的诞生；他以婉约的词风和超凡的才华，担起了王国维先生"北宋以来，一人而已"的高度评价。"人生若只如初见"这千古金句的流传，让出身海淀的他所带来的文化影响，不仅属于海淀，更属于整个中华民族……他，就是纳兰性德。

以舞剧的形式表现纳兰在国内尚属首次，尤其在当今对这位古人如何解读和表现，以及如何传达出特有的现实意义，是整个创作团队首先需要思考和解决的问题。抛弃人物传记式叙述，着力表现其精神世界，突出其博大的情怀，这是舞剧创作团队自始至终的共识。作为舞美设计的第一任务就是解决舞剧传统意义上的地域性与时代性符号的意境化表达。在舞美设计的风格上力求以诗词为核心，以家国情怀为基调，着力体现出中华民族的时代文化审美特点，同时又以当代的审美品位在表现风格上进行全面统一与提升，以期形成具有东方古典特色与当代审美特征相结合的唯美表演空间。舞剧在现实主义表现风格的前提下融入了极其鲜明的浪漫主义色彩。对纳兰这一人物形象的塑造上，融入了写意大泼墨但又不失工笔线描的精神气质。这就要求在环境和意境的营造上打造出一个准确、简洁、唯美且具当代东方视觉审美取向的亦真亦幻的世界。经过对海量资料的研究及对纳兰词的细细品读发现，那代表着皇权尊严的紫禁城虽然威严规整，那亭台水榭即便俊美雅致，那清规戒律固然森严无情，但在纳兰的眼中不过是一片红、一点金的缥缈幻影，不过是残存于纸上刻板生硬的败笔墨渍罢了。这一认知随着思考的深入渐渐成为营造舞台环境的动机，即，创造一个只属于纳兰的世界。红墙金瓦、玉玺琉璃、荷塘湖光、书简墨迹……这些典型形象虽真实但不是以其自然逻辑的形式存在于舞台之上，它们犹如在一个精神世界中构筑着，甚至是如同诗词的意境一般悬浮于视线之外，但其在于暗示环境、地域与时代特征的作用没有变，承载舞剧体裁感和准确表达特定意境的功能没有变。

著名艺术家叶锦添主张"只要细节足够精准就可以找回一个时代"。他强调的是以点带面的准确性。要让观众看到真正的"美"是在充分尊重历史和逻辑的基础上，以某种理念为指导，利用准确的形象重新去塑造一个新环境，从而产生一种特定的、意想不到的意境美。要使精神世界中这美的环境和意境同时兼具当代审美的特性，就必须首先站在东方古典审美这一主体面前凝视当下，寻找最灵敏的知觉和深刻的意味，经过系统的整理与创新，才能逐渐形成一种有机的重生。（图1—图3）

二、境，是动与静之间呼出的一口气

"形而上者谓之道，形而下者谓之器。"对于舞剧环境与意境的塑造和刻画，仅仅是一个开端或是基础，它从形而下着手，仰望形而上的境界，然而，作为当代舞剧的表达是远远不够的。和西方传统的芭蕾舞剧一样，从舞者的每一个动作到整剧节奏以及情绪的变化，无一不是运动着的，而作为当代中国的民族舞剧，仅此显然是不能涵盖创作者意图的。在舞剧特有的

图1　第三幕"渌水亭"设计图

图2　第二幕"殿试"剧照

图3　尾声"祭孔大殿"设计图

表现形式之外，在这表象的背后一定存在着一种解读、一种动机和一种观念的表达。舞美设计如试图只以静态"景"的概念"装饰"舞剧，也显然是不足以抵达舞剧灵魂深处的。那么形而上与形而下之间存在着什么？或者说，动与静之间还会有什么？这是设计该剧时必须思考的问题。进而则是采取怎样的手段才能达到观念性和思想性的外化呢？

（一）灵动开篇

使设计元素随着舞蹈一起动，使造型因素参与到节奏和情绪的表达之中，这一想法是经过了反复思考和探寻论证后找出的设计思路，同时得到编导和主创人员的认可与鼓励，经过反复试验和推敲，最终把案头的设想付诸舞台上，于是从舞剧的序幕便开始了设计的"舞蹈"。大幕拉开，一缕灯光随着音乐逐渐勾勒出雄浑而又威严的紫禁城，带有透视感的红色宫墙通过灯光的内外强弱变化，揭示出宫里宫外、墙内墙外不同时间与空间的变化。随着纳兰从孩童逐步成长变化的舞蹈开始，这两面"大墙"慢慢向舞台深处移动并延伸、拉长，形成了一个幽深封闭的狭长甬路。当孩童与成年两个纳兰并置于这同一意象空间中时，随着远处一座宫门向着台口将行将近时，两面硕大的"宫墙"倏地弹射飞入底幕消失，台上只剩下鹅毛般的大雪和一切幻想消失后的空无。通过技术手段，舞美景具在这短短的几十秒内完成了幻象环境构筑、空间挤压、符号移动、时间拉伸、情感释放等一系列的行为动作，同时恰恰与舞蹈的节奏、情绪的表达、意境的转换紧密咬合，在情理之中，却又出其不意，完美地呈现了舞剧在序幕中所要表达的精神气质和思想境界。这一步的完美迈出，为舞美接下来更多地参与舞蹈表演和情感表达奠定了基础，为表现风格的确立与统一涂满了鲜明的底色。（图4、图5）

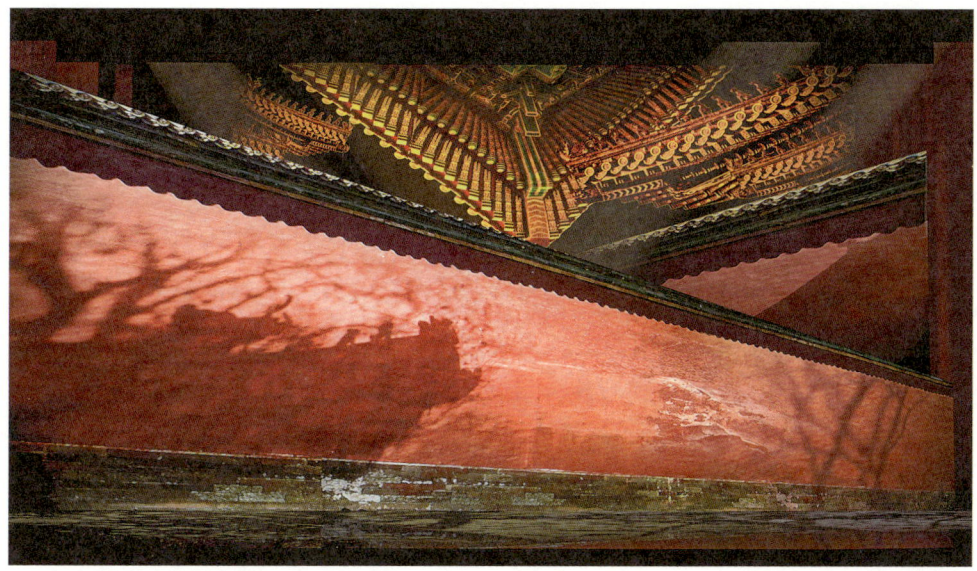

图4 "序幕"紫禁城设计图1

图5 "序幕"紫禁城设计图2

（二）躁动危机

"被酒莫惊春睡重，赌书消得泼茶香"（纳兰性德《浣溪沙·谁念西风独自凉》）、"记绣榻闲时，并吹红雨，雕阑曲处，同倚斜阳"（纳兰性德《沁园春·丁巳重阳前》）。单是看这些文字，甜蜜与才情就已溢满纸页并飘散在空气中。纳兰即兴提笔挥就辞章；汉族文人朋友们吟诗作对，霎时间笔墨书香、诗情词韵溢满人间。此时舞剧所营造的美满与欢乐实际上是为将要到来的沉痛做了满满的铺垫。舞美则使用了四组液压车台组成了高大的书墙充斥着整个舞台后区，自然分割着舞蹈空间的前后两个表演区，通过每一个单元书墙车台的左右平移，舞者可以走入书墙，同时也能从书海中涌出。此时书墙的相对静止与群舞的急速运动形成一个对比，也为接下来的动静转换埋下了伏笔。书墙参与舞蹈动作与剧情转换最大的转机在于，当外族入侵的消息传来，危机四伏，书墙缓缓向后倒下，此时风云突变、狂风大作，当异族侵略者的铁蹄踏入净土前的那一刻，书墙上所有的书籍均随风狂舞，此刻它们不只是舞动的纸张，而且是惊恐的情绪、哀苦的嘶鸣、愤怒的文字、破碎的山河与人心。景，成了动态，成了此时舞台上尽情的表演者，而相对应的舞者此刻成了静态的形象象征。这一动一静的转换呈现出极强的张力，使舞剧所要表达的事件、节奏和情绪刹那间倾泻而出，就像是一把无形的刀或是无声的呐喊，划破指尖自然流淌出悲情的血；屈辱与奋争激荡在每一个人的心间，无须多说一句话。（图6、图7）

（三）驿动升华

之前的确没有把握只用一块白纱就能将第三幕这一全剧戏剧冲突最为强烈、情感最为饱满的章节囊括包容进去，并且达到意想不到的完美表现。首先映入眼帘的是一块16米见方的白纱在底幕附近徐徐飘动，它被成像灯

图6　第三幕"书墙"形象设计图

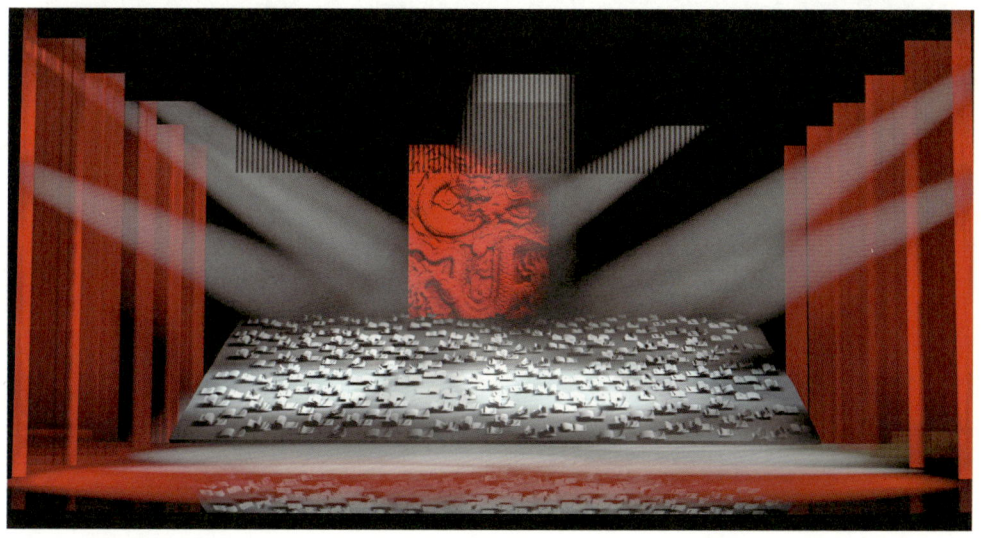

图7　第三幕"书墙"倾斜效果图

投射出的特殊纹理和光色渲染成暗黄色，勾勒并暗示出飞沙走石、大漠孤烟的塞外意境。刀光、旌旗、人影、马嘶……这一切均随着这块漫天"黄"纱的舞动席卷而来，不光是看到了马蹄与刀光，同时更是感受到了纳兰领旨出征时的壮志豪情，甚至嗅到了边关沙场的血雨腥风。（图8）

伴随着这风萧马嘶，舞台前区则是纳兰的妻子由于难产在苦苦地挣扎。当纳兰因思念爱妻卢氏而陷入幻境时的双人舞，舞蹈动作呼应新婚一幕，以乐景衬哀情。此时的这块白纱前端吊点缓缓升起，同时随着红色的渲染，使舞蹈的表演空间充满着悲喜交加的情绪且亦真亦幻。随着红色的浓烈度越来越强，白纱前端吊点也越升越高，隐隐地暗示出一种不祥的征兆，卢氏撒手人寰。就在二人在意象的空间中擦身而过之时，这块白纱幕突然铺天盖地由天而降铺满舞台。此时阴阳两隔，纳兰挣扎地爬出写满悼亡词的白

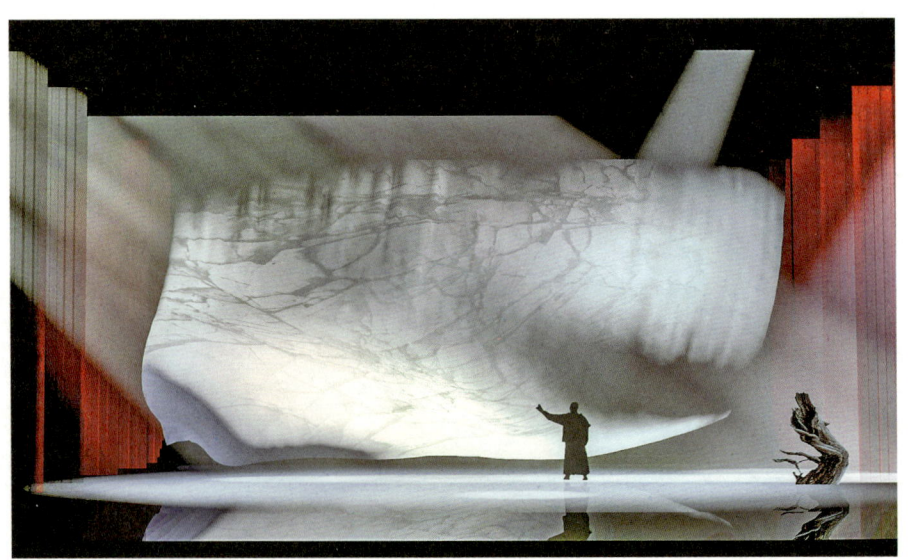

图8 第三幕"边塞"效果图

纱尽显凄惶，他旋转着将白纱缠裹住全身，最终手捧整块的哀愁与悲凉步步走向自身的终结。这一系列的舞台行为象征着主人翁作茧自缚般地为自己的悼亡情思所困不可自拔，在覆盖、缠绕与包裹中无力地哀鸣。无论是舞剧的事件、人物的情感还是特定意境的渲染，这一切均在舞与物的相互运动中淋漓尽致地表现了出来，而且一气呵成。（图9—图12）

当一切尘埃落定，在难以平复的心情下，在刚刚发生过的人景共舞之后，在极度窒息后的喘息中，突然间隐隐地感受到了一种力的存在。在动与静起承转合的缝隙中，我发现了"境"，它那样美丽、那样迷人。这个"境"绝非由客观营造而产生出的意境，而是浮现于主观意识中的心境。更确切地说，经过有机的相对运动，意识与物质之间力的阴阳转合之后所形成的"场"，就是我苦苦追寻的形而上与形而下之间的那个形，是灵魂与灵魂

图9 "悼亡词"剧照1

图10 "悼亡词"剧照2

图11 "悼亡词"剧照3

图 12 "悼亡词"剧照 4

对话的那个心领神会,这就是艺术。

三、诗画起舞共旖旎

"时间就是移动空间的重演,瞬间是我们意识时间的方法。"[①] 作为一部舞剧的舞美设计,无时无刻不在追求营造一个独特而又准确的表演空间,这个空间能将意与境、虚与实、情与理都包容进去并能达到高度的

---

① 叶锦添:《叶锦添的创意美学:流形》,新星出版社 2016 年版,第 48 页。

统一，从而完美地符合舞剧写意性表达的美学特征。《人生若只如初见》这部舞剧在提供了这样的立意基础的前提下，为舞台造型元素的运动、进而参与到舞蹈表现当中提供了契机。

在当今的演艺舞台上，艺术作品不断追求着如何创新、如何新奇，力求达到新的高度创造新的标准，这恐怕是每一位创作者都必须面对和思考的非常现实的艺术问题或是美学问题。然而，我认为真正能够具有时代精神的内容和形式，其实源自观念。一个新的、独特的、前所未有的舞台呈现，究竟能否符合当代人的审美取向，能否是时代的映征，能否在人们内心当中引起情感的共鸣……都是取决于观念。观念能改变一切，而非仅仅依赖于技术。一个符合时代要求的艺术创作观念的形成，必定是通过关注和研究客观事物及各种艺术形式与潮流风格后，在人脑里形成的认识与觉悟。它是形而上的，是进行艺术创作在意识层面上的原动力。这些如果单凭经验的积累是远远不够的，它要求具有极其敏锐的洞察力和把握时代脉搏的能力，以及从实践中不断总结与思考的自觉，才能影响形而下的形式的表达。以舞蹈为载体表现和诠释纳兰性德的精神世界，要在享受美的同时得到心灵的洗涤净化，产生诗画之外的人生感悟，这其实是一个很难的命题，但该舞剧做到了。在纷繁的世界里用一颗本初的心和一种本真的情创造出一个诗样的境，这种单纯的创作动机具有极强的能量，事实证明它具备着符合时代先锋观念的特征，猛烈地将一切固有的条条框框彻底粉碎。力量绝不等同于张牙舞爪，相反，呈现出的是温润、美好与感动。

全新的观念加之准确定位给舞美设计开拓了广阔的创作空间，提供了与之共舞的可能性。以诗词在精神世界里的投射为依据，使所有形象元素不按现实逻辑地解构并成为合理。观众毫不犹豫地接受了玉玺与竹简的从天而降；相信了宫墙内外的威严与虚无；目睹了渌水亭畔荷塘中的水墨交融；体会到了那块白纱所表达出的各种意象，当秋千在漫天的梨花雨中荡漾时，眼角却泛出真实的泪花。这些在舞台上的艺术造型，随着舞者一起"起舞"，创造出了具有生命力的新语言，将剧情演变和时空调度衔接起来，描述着一种独特的精神世界，表达出一种更高、更宽阔的境界，使观众在观赏舞剧的同时获得心理深层的透视，当代审美意识的主动性，在不知不觉中参与了作品的创造并得以升华。的确，若一切皆如初见，人生就会无憾且美好。

结语

随着科学技术的日新月异，舞台演出不可避免地充斥着各种科技手段，尤其是以旅游演出为代表的各类演艺秀最为突出。投资和规模之大、高科技运用程度之深、演出覆盖面之广，以追求全新的视听体验博取地域性文化价值与经济利益的最大化。它们为繁荣文化市场和拉动旅游经济起到了不可磨灭的作用。然而，这种产业化、市场化和模式化的演艺产品，并不能完全代表当代人对美的认知标准，也不能构成和诠释一种新的审美价值体系，但其唯技术论、唯市场论的导向作用渗透力极强，久而久之便会影响人们的观念。作为剧场舞台上的戏剧演出有着鲜明的艺术本体属性，舞蹈作品的创作无时无刻不在顺应时代的发展，满足当代的审美需求，积极探索变革，但从未随波逐流。而戏剧舞台的创作者则应具有敏锐的洞察力和触摸时代脉搏的能力，以本初之心，创本真之业。

面对一部舞剧的设计，当设计越深入、越接近"准确"的时候，越不能满足仅仅是在提供一个背景环境，而是不由自主地试图将所有的形象语汇融入舞台动作和情感表达中去，寻找一切可能的时机深深地介入整个演出的过程当中。在舞剧《人生若只如初见》中，努力做到了改变舞美装置的原有属性、强化其在空间中的运动，达到了符号象征意义的准确性、舞美形象的鲜明性以及人景合一的生动性，使整个舞剧的画面并不是简单意义上的"景"，而是运动中的"意"。凭借舞台假定性，为舞剧提供、组织一个有情节的动作，能随时间流动的空间，为舞蹈而进行的设计，同时也是设计的舞蹈。

大师作品解构与重塑

刘 莹

我们知道：所有的艺术作品，都试图激发观者的整体精神状态，强化其生物感知，化解其文化饥渴。因此，我们希望通过在舞台设计专业基础教学平台之上，实验性地用多种艺术实践来探索、发掘新的创新点，创建一个长期的、全新的文化输入端口，例如："大师"因素与空间形态立体构成学的关联，就是我们的成果。

何为大师？通常是人类历史文明发展阶段性的文化标识；社会群体心目中自带光环的学术泰斗；专业人士的内心一般不可逾越的藩篱、难以挑战的天梯……

物理学家认为："只是享用太阳的光辉是不够的，我们要逐步利用其释放的能量。"因此，我们尝试解构"大师"作品，所期许的也是对其"文化能量"的释放。如果我们继续尝试把这一释放原理代入课堂，那么，我们创建的可不只是一个长期的、全新的文化输入端口，而是一种高效率、高能量、高品位的文化"血液"通道。

一、教学目的

空间造型基础2——解构与重塑大师作品，是空间造型形态基础训练的内容之一，是构成主义理念与方法论应用在舞台艺术设计专业的基础性教学，是一种实践性内容的延续。它是培养学生由原生态的绘画性思维到实际设计创作能力转化的不可或缺的途径和创新项目，也是被实践证明且效果显著的教学理念与方法。

三维立体形态造型能力是舞台设计者必要的专业素质。解读大师作品的同时，形态造型在空间的分布和节奏上也会同样具有平面布局、色彩呈现、立体构造等形态构成方面的规律表现。不仅界定并标识绘画本身，还在另一种视觉传达过程中（三维）继续传递大师造型的文化内涵及意象外延，且附有时代特征。

总课时量：4课时/周 × 8周 =32课时，一年级第一学期。

二、教学内容

"解构与重塑"大师作品——是一次全新的探索与尝试。我们以抽象主义画家康定斯基、马列维奇，立体派画家毕加索，中国传统绘画大师等的绘画作品，以及其他当代艺术家作品为基础和启发，围绕大师作品的主题性进行三维造型训练，把附以大师作品情节的元素、造型、色彩、空间与情境进行现实转化，使绘画性的平面语言转化为三维综合性形态构成，从而培养学生以戏剧为平台，将绘画性思维直接转化为三维空间构成形态表现，大家都知道，这是一种设计领域综合性创作能力的开发性训练体系。

三、教学意义

空间造型基础课程的意义就是在形态构成的基础上，营造具有主题性的、戏剧性的、有意味的空间氛围。

我们想通过一系列"解构与重塑"大师绘画作品进行实验性教学探索，自然拆解与剖析大师绘画作品，用当代人的心理与思维方式，解构平面性的绘画语言，从现实或抽象空间意义的层面上重新解读与诠释大师作品，提取造型单元，重塑空间视觉造型形态，至少在同学们当中形成文化受众效用性。

因此，我们说，"解构：是了解、是传承；重塑：是结果、是意义"。

四、教学方式

首先，分析与解读大师绘画作品元素、造型、空间与情境的视觉传达艺术效应。要求对大师的生平和作品创作阶段有较深的理解和认识，如何把同学们对大师绘画作品的理解与认识形成可行性方案是此训练方式的难点，而可行性方案的广泛性集体讨论是本次课程的重点，即通过与大师的"对话"来奠定我们此后专业设计的基础品位和创作规则。学生以艺术实践的方式，去体会"结构大师"在造型基础课训练过程中的意义，其实这是一种同学们的设计状态与大师思想的重构。

例如，对绘画大师康定斯基及毕加索的作品进行解读，通过空间造型形态解构与重建绘画大师作品，强调造型元素的提取、结构形态的转换、秩序与节奏的调谐，并适时讨论其文化受众效用性。

五、教学过程

（一）作业要求

明确命题、创意与立体解构；大师艺术思想与舞美形态设计构成主义的关系，强调在大视觉构成前提下，主题与形态构成之间的融合，并强调形态及空间表达的重要性。认真做好所提取的元素在形态构成方面规律性、规范性的认知和总结，以模型展示为最终呈现形式。

（二）作业提示

明确、还原各形态元素在舞台构成学里的本位，强调形状、大小、颜色、质地和运动方向（或动势）的秩序化、有机化（整体化）的单纯性。科学地释放其中（各元素）所承载的大师思想与能量，尝试以形态构成的形式（抽象与具象的混合创意）来表达视觉空间的主题。以融合主题性空间与形态立体构成之间的实际结构关系为根基，以实现和完成舞台空间艺术较高层次的创新、创意为课题的创作思路。要求学生可以从较高的学术层次和视角，规划舞台艺术创作过程中各形态构成元素的意义及其表现，理解舞台设计并不只是对文本（剧本）的跨界性陈述与表达。

（三）作品与分析

毕加索的作品《格尔尼卡》（图1）自问世以来备受瞩目，是各种关注和探讨的焦点。这幅画于1981年抵达西班牙，成为历史上唯一一幅被广泛地认为与一个国家从专制向民主过渡相关的画作。这幅油画的创作灵感源于西班牙内战期间的一个具体事件：1937年4月，德国空军对一个不设防的巴斯克小镇的轰炸。然而，画作并没有直接表现那个地点或是镇上蒙受苦难的人。而是运用了那些已经在毕加索的绘画生涯中持续引发共鸣，并且还会一直被他运用下去的形象元素和主题：一头公牛、一匹备受折磨的马、一个举着灯的女人、另一个为死去的孩子哭泣的女人。这些附身于《格尔尼卡》的元素、其他象征性主题，以及它们在画中的位置，在过去的

图1 毕加索:《格尔尼卡》

八十多年,被世界上一部分著名的史学家和无数的评论员给出了各种解读。很多分析通过聚焦毕加索的生平来解读《格尔尼卡》所体现的意义。那个时代的氛围——即将席卷世界的暴风雨释放出的能量——依然附着在画作那显然已经老化的表面上。《解构与重塑大师绘画作品——格尔尼卡》(图2、图3)看似简单的罗列与摆放,其实质是"格尔尼卡"元素的立体构成,是毕加索平面效应的立体重组,是一种三方艺术创作相互关联的产物——毕加索的"格尔尼卡"的单元形象、创作者的构成秩序、立体空间创作的需求。

三者相互关联的分寸重组,展示出创作者对其他两方面的理解与解读。解构的主体指的是"脚本",重塑的主体指的当然是新"作品",而作者就

图2 空间造型基础2《解构与重塑大师绘画作品——格尔尼卡》 张贺薇 艺术设计系2019级舞台设计

图3 空间造型基础2《解构与重塑大师绘画作品——格尔尼卡》 刘祥宇 艺术设计系2019级舞台设计

是将二者关联在一起的"环节和纽带"。如何做到造型元素"青出于蓝而胜于蓝",并以此胜任新的使命?其实,这就是舞台设计工作者的工作状态与方式,也是我们此次设计基本训练的理念和目的。

在此设计基础训练平台之上,每个人、每个学员都有参与其中的资格与可能,可借鉴、可商讨、可对比、可选择、可合作……总之,我们是在预建一个开放的平台:我们"解构"和研究的不仅仅是大师的作品本身;我们"重组"和创作的也不仅仅是立体构成的延续。我想在学生设计的最初阶段完整引入舞台设计的专业工作状态和工作方式,磨炼一种职业操守、建立一种团队意识、召唤一种合作精神……要的是一种综合实践能力的获得!这才是宗旨。

《鹊华秋色图》(图4)是具有极强代入感的典型东方画卷,

中国人毫不怀疑它可以穿越任何时空，延展、影响至任何一个文化领域，如果将东西方艺术并置于一个领域，你会发现：在化解人类文化饥渴的意义上，使命是统一的。但，品位、秩序还有材料是截然不同的，解构与重构的理念、方式与方法是雷同的，但，收获的范畴里似乎多了点什么？例如，禅境……（图5）

图4　赵孟頫:《鹊华秋色图》

图5　空间造型基础2《解构与重塑大师绘画作品——鹊华秋色图》　王文韬　艺术设计系2021级舞台设计

假以时日，亚欧大陆两端的文明互补到超越体制和种族，欧洲的文明也开始忌惮熵增，东方的"上善若水""鹊华秋色"终究将伴随朝晖旭日回归她应有的地位。那么，"解构"就是一种文化溯源，一次目的明确的承袭和学习；而"重塑"就是时代赋予每个设计者责任：让"美好"遍及各个领域！此刻，我们只是做了自己该做的那个部分——舞台艺术设计。

我们的领悟、提携、萃取……都是与世纪大师的交流与融汇，需要明确强调的是：我们期待的结果并非只是一种定式，也不是一种实验性的单一尝试，而是我们设计者获取创作能力的一种层次和途径。

如图6、图7所示，很久以前，有人问我：如何理解抽象艺术？怎样看待毕加索和康定斯基？其实，我知道无论怎样的文字解释都是片面的。但，文字的解释，其实就是此时被强调的"解构"大师的部分之一，也是设计工作者的一个必答题。

诚然，就艺术范畴里，抽象艺术美术作品与音乐相比，音乐的抽象意义远超其他艺术形式的表达，即，不是谁都可以把交响乐的唱片听完整。这两点放在一起，说的就是："解构"大师作品的必要性。虽然，它的目的只是为了单一的艺术推广与传播。

就空间造型基础训练而言，提取大师作品之元素向舞台设计空间转化的行为，实质也是一种业内文化内涵的转化，也是一种大师精神的被领会、被传播。对舞台工作者而言，是一种寻找支持的艺术溯源之旅。那么，我该如何回答最初的问题呢？——"如何理解抽象艺术？"

抽象，是一种浓缩的艺术能量，享用它有时的确需要一枚方糖丢进浓咖啡的"小程序"——虽然，不加糖的人好像大有人在。这只能说明，我们"解构"、解读大师的成就斐然。（图8—图19）

图6　毕加索:《窗前的桌子》

图7　空间造型基础2《解构与重塑大师绘画作品——窗前的桌子》　王玥　艺术设计系2019级舞台服装设计

图8　空间造型基础2《解构与重塑大师绘画作品——格尔尼卡》　蔡书蔓　艺术设计系2021级舞台设计

图9 蒙德里安:《红、黄、蓝的构成》

图10 空间造型基础2《解构与重塑大师绘画作品——红、黄、蓝的构成》 安思怡 艺术设计系2019级舞台设计

图11 毕加索:《曼陀林和吉他》

图12 空间造型基础2《解构与重塑大师绘画作品——曼陀林和吉他》 段若雨 艺术设计系2019级舞台服装设计

图13 毕加索:《戴面具的音乐家》

图14 空间造型基础2《解构与重塑大师绘画作品 —— 戴面具的音乐家》
王雯慧 艺术设计系2019级舞台服装设计

图15 空间造型基础2《解构与重塑大师绘画作品 —— 戴面具的音乐家》
刘佳琳 艺术设计系2019级舞台服装设计

大师作品解构与重塑 | 069

图16　毕加索:《哭泣的女人》

图17　空间造型基础2《解构与重塑大师绘画作品 ——哭泣的女人》
安思怡　艺术设计系2019级舞台设计

图18　张大千:《青绿山水》

图19　空间造型基础2《解构与重塑大师绘画作品——青绿山水》电脑效果图
周毅　艺术设计系2021级舞台设计

结语

通过解构和重塑大师作品，培养学生们习惯于从较高层次来认识和理解舞台艺术诸要素之间关系，进而全方位开启学生在专业创作过程中的综合创新意识，最终希望能够构建出一个全新的、理性的、科学的舞台艺术设计基础课程体系。

北京舞蹈学院抗疫群像创作感想

张华杰

2022年11月30日，学校里面疫情正是严重的时候，对所有学生都进行了隔离。发烧有症状的隔离在宾馆和研究生楼，没有症状的同学隔离在学校宿舍楼。当时有很多的老师报名做志愿者，大家纷纷贡献自己的力量。所有的学生吃住都在隔离地点，他们的一日三餐和饮水都需要有人送，还要打扫卫生运送垃圾，以及及时消毒杀菌。而这些工作都需要志愿者老师来做。另外还需要及时疏解学生们的心理，长期隔离一隅怕他们心理出现问题，要经常谈心。同时在线上正常上课，在网上答疑解惑。志愿者老师们每天吃住都在学校，为了及时了解学生们的情况，简简单单地在宿舍走廊安张行军床就安顿下来了，随叫随到，问寒问暖，真的非常地辛苦。有的老师每天只能睡四五个小时的觉，而且一有什么风吹草动立马就要起来去检查，去现场看情况……志愿者老师们的这些付出让我们没有上疫情一线的艺术设计系的老师很感动，大家觉得也应该贡献一下自己的力量。准备拿起手中的笔，为大家画点儿画啊，做点儿宣传海报啥的，也为前线的老师鼓鼓劲儿，加加油。正好学院和宣传部也有这种想法，更激起了我的创作热情。我就从学校宣传部提供的二三十张反映抗疫一线的照片里面选出了十余张比较感动我的，我决定先从这些照片入手，寻找灵感，看看怎么样才能创作出一张比较全面真实地反映北京舞蹈学院上自书记院长，下到普通教职员工，面对困难大家齐心合力战胜疫情的作品。（图1—图10）

图1 保障物资

图2 核酸检测点

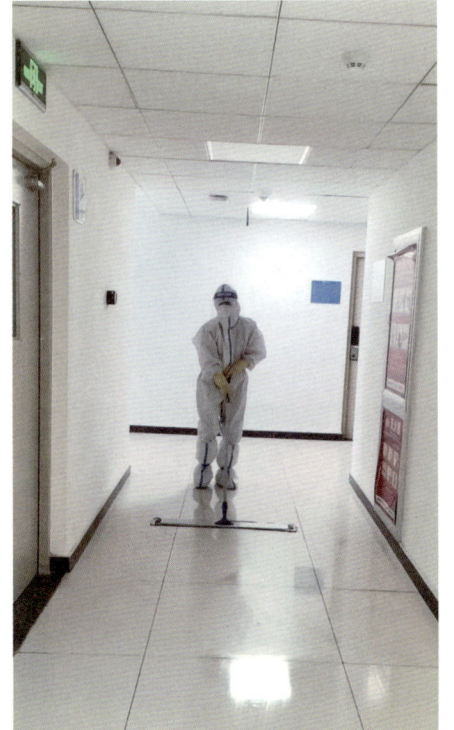

图3 打扫卫生

图4 缓一缓

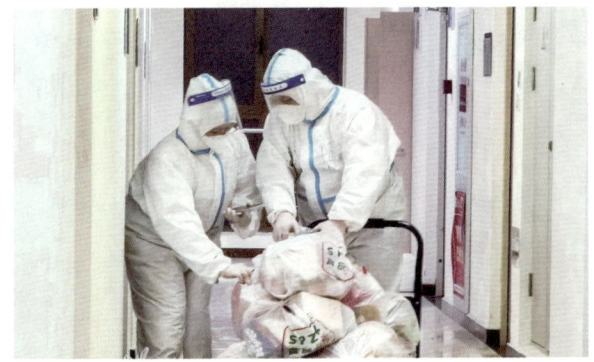

图5 送零食

图6 为"大白"上战场做准备

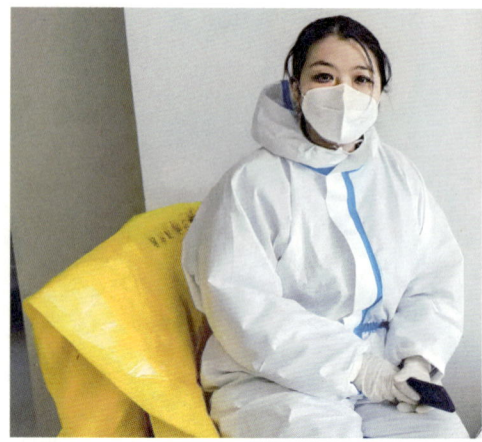

图7 做楼层长

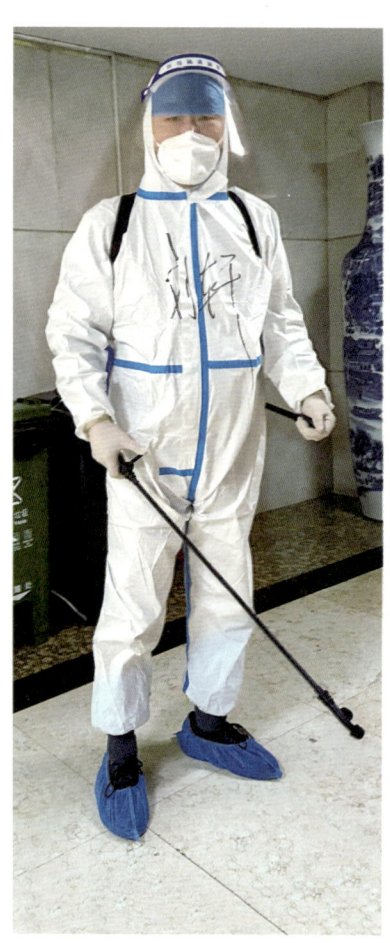

图8 消毒

图9 最美逆行者入驻封控区

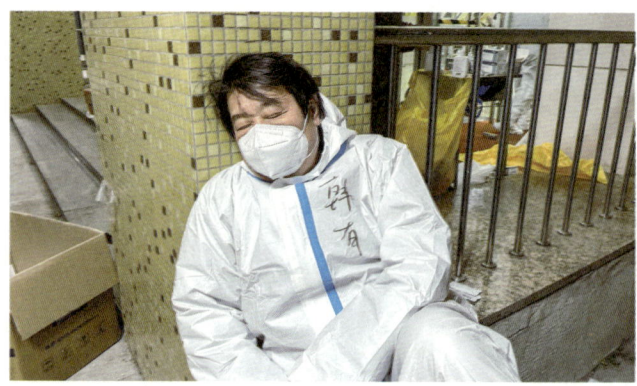

图10 稍微休息下

这些照片，真实全面地反映了各个岗位的志愿者老师们：有校领导连夜视察安排工作的，有给同学们准备送餐的，有给楼道教室消毒杀菌的，有的是在准备检测核酸登记上报的，有的是准备服装准备奔赴抗疫第一线的，有的是大家正义无反顾地走向封控的楼道，还有的是忙活完了之后累了，在那儿休息，靠在墙上就能睡着了，还有的是因为长时间跟消毒杀菌的消毒水打交道，因而呕吐、恶心。很多照片看完了之后，让我非常感动，热泪盈眶。老师们那坚毅的眼神面对着未知的危险，表现得坚强、勇敢和义无反顾。他们面对未知的危险没有退缩，没有攀比，虽然没有十分强壮的身躯但是神情坚毅果敢。我把挑出的这些照片整体地看了又看，筛了好几遍，感觉到任何一张都说明不了志愿者老师们的事迹。我就想不如把一些有代表性的图片组合到一起，或许能够说明的面还会广一些，因为我觉得抗疫不能只表现、反映某个人，这是在领导的统一指挥下的群策群力。而且在这些白大褂下面，也多是各个部门的领导，都在以身作则、积极地冲在抗疫第一线。

　　怎么样才能更好地比较全面地反映出面对疫情时舞蹈学院师生们的整体面貌，怎么样来比较全面地体现北京舞蹈学院的师生们在抗疫中所付出的努力呢？深思熟虑之后，我决定用独特的北京舞蹈学院主建筑群的墙面作为两个色块放在画面的左右，因为它很有标识性，看到它就会联想到北京舞蹈学院。在这两个主色调之间是战斗在各个岗位上的老师们的群像。这些群像以黑白来表现，加强对比。用黑色来突出白，使白色显得更白，象征身着白色医用服的老师们更纯洁正义不可战胜。画面上方远处的，是醒目的紫红色和蓝色的临时帐篷。那些帐篷是通向学校封闭的学生宿舍楼的入口，那里就是战场。虽然所占篇幅小，却是颜色最强烈的地方，是色彩最丰富的地方，也象征着"战斗"最激烈的地方。在画面最显眼的地方，占篇幅最大的地方画了一个女老师面对着画面的外面。虽然老师们都戴着口罩,但是这个画像里面的老师眼睛大大的,虽然略显疲惫但仍不失清澈而明亮,像一汪深秋里的清冷的湖水,看到她就会让人感到一股凛然正气,不可战胜。她的后面是画面里不多几种颜色中的又一个颜色——黄色,黄色的垃圾袋。它的作用有两个,一是让画面不那么单调,吸引人的眼光,另外还表明志愿者的工作有很大的成分是处理垃圾。上千的学生每天产生非常多的垃圾,单是处理它们就是很大的工作量。画面的左边和右边分别是两个老师,一个靠着墙在那儿休息,眼睛里面仿佛有晶莹的泪珠闪闪发光,疲惫的身躯斜靠着墙壁,仿佛睡着了,也许是在小憩,看到之后就会让人感到他的辛劳,会让人油然而生敬意。右边的老师作呕吐状。他是刘轩老师,因为长时间地喷洒消毒水,恶心欲吐,虽然戴着口罩,但是药水还是会无孔不入。画面中间靠右的部分是两个老师在分拣核酸试剂,在他们的左后方是两个老师手拿着纸张在核对单据。右后方是一男一女两个老师,男老师在穿戴防护服,女老师在他身后给他做标记,准备着,就如准备上战场的战士。在画面的远处,是一群前行的背影,正朝着前方,朝着封闭的宿舍楼门口坚毅地走去。工作在每个岗位的老师都令我感动,想说的话很多。本来我还想画上喷洒消毒水的老师,分送饮用水饭食的老师,但是从画面的紧凑和美观来考虑,最后都忍痛割爱了。因为怕说得太多,反而显得啰唆累赘。所以这个稿子反复了几次,最后定下了这样的画面。(图11)

下面从画面的艺术处理上来谈谈构图。(图12)紫色线条所指是横竖的中线和这个画面的中心位置。最重要的几个人物都安排在中线的附近,但又不是正中,是按照黄金分割率放置的。研究表明符合黄金分割(黄金分割又称黄金律,是指事物各部分间一定的数学比例关系,即将整体一分为二,较大部分与较小部分之比等于整体与较大部分之比,其比值为1∶0.618,即长段为全段的0.618。0.618被公认为最具有审美意义的比例

图11　北京舞蹈学院抗疫群像

图12　构图分析1

数字）的比较符合人的观赏习惯。整个大的构图是一个对称型的，左右两边的画面安排都是墙面和人物，大小比例也都差不多，这样的画面会给人一种庄重严肃的感觉。但是人物的形态又是不一样的，就是大关系是对称的，但又不是完全的对称，对称里面有变化。这样既凸显了整体画面的严肃庄

图13 构图分析2

重,看着又不是那么呆板,有一些活泼运动的因素在里面,使画面不是那么枯燥单调。

另外,画面中人物的视线、人的眼光、眼睛所看的方向会让观者根据这个视线不自觉地看下去,这是目光的指向性。另外还有手所指的方向,长的线条都会给人一种指向,都会使观者沿着它们的方向不自觉地看下去。比如现实生活中的路标,都是这种长线和箭头似的东西的组合,它会让人的目光不知不觉地按照这些方向看过去,这就是指向性在生活的实际运用,这是一种现象。本作品中也利用了这种现象,如图13这些箭头所示这些人物目光的方向,会使观者的目光在这个画面里按照如图所示前行,形成一些闭合。看来看去,最后视线不知不觉地都汇总到了画面中最重要的部位,注视、聚焦于作者想要表现的中心人物的身上。这样就使主题更加突出,错落有致;使得画面虽然人物众多,但又不至于松懈掉,既紧凑又松弛,使本身的画面形成了一个回环,使观者的视线就在画面里面游移,转来转去最后凝聚在画面的中心上。

最后谈一下画面的构成。这个画面最大块的黑颜色和最大块的纯白颜色都出现在画中心附近，这样对比最强烈，自然而然就会让人最关注这里。而且也是在这中心附近，最大块的黑颜色和最细碎的黑颜色，最大块的白颜色和最细碎的白颜色都出现在这几组人物身上，这样就使大的整体和烦琐的细节形成一个对比。大块儿的黑和大块儿的白，整体的白，细碎的白，整体的黑，细碎的黑，反复出现形成最强烈的对比。虽然其他地方有几种鲜艳的颜色，但是还是会使人不自觉地最关注这几组人物。这也凸显强化了画面的中心。虽然描述的都是抗疫的人物，但还是有主次之分，还是要突出重点，这样才不至于使画面成为一盘散沙。通过以上这几种方式的运用，组合在一起就能使画面更好地突出主体人物，看起来既有概括又有细节，虽然人物场景多但又主次分明，既抒情又有力量感冲击感，从而让观者获得美感，在欣赏美的同时不知不觉地被打动、被感动。

敦煌舞蹈服饰案例分析

陈晓君

敦煌有我国乃至世界十分珍贵的历史瑰宝，彩塑、壁画，以及藏经洞出土的文书和艺术品为当代艺术家的创作提供了直观且丰富的灵感来源。其中历史年代之久远，服饰资料之丰富，为舞蹈服饰设计提供了大量的素材。以敦煌题材为蓝本的作品也举不胜举，像《大梦敦煌》《丝路花雨》《茸宝记》《九色鹿》等。艺术家们为将中国敦煌之美极致地表现出来冥思苦想、绞尽脑汁。以艺术的精练程度与形式美感来看，舞蹈类作品最为典型。

敦煌的故事与题材之所以被大家熟知，被很多艺术家关注，很重要的一部分原因是来自敦煌壁画的损坏与藏经洞文物的流失，那恢宏又凄美的历史文化故事让人捶胸顿足地惋惜，同时这份不完整的缺憾让我们拥有了更多的创作灵感。像经典的舞蹈作品《大梦敦煌》就是以一个重要事件——道士王圆箓发现藏经洞作为开篇的。位于敦煌的大型实景演出《又见敦煌》更是以此为主线，用凄美的故事来感叹往昔。另外，敦煌壁画因为时代久远，很多色彩在空气与环境的影响下发生了氧化变色，而这种变色却为敦煌壁画的质感增加了一份沉稳、神秘的气息。下面我们就通过实例来分析和解构当代敦煌舞蹈的服饰设计。

一、敦煌壁画中的舞蹈与服饰艺术

敦煌文化博大精深，值得研究的艺术门类非常多，有绘画、舞蹈、音乐、建筑、服饰，等等。其中的舞蹈与服饰艺术都可以成为一个独立的研究课题。

（一）敦煌壁画中的舞蹈艺术

敦煌舞蹈艺术分早、中、晚三个不同的阶段。敦煌石窟有多种形式，像中心塔柱式、殿堂式、大像窟式等等，而这些形式无一例外地都会在石窟的立面墙与穹顶绘制飞天与伎乐天的形象。这些形象大都集舞乐于一体，有的站立，有的坐卧，演奏的同时顺势扭动身体，形成一个个生动的舞蹈的人物形象。从初唐开始，敦煌石窟出现了大型经变画，佛坛前大都有伎乐供养的内容，按统治者"功成作乐"的传统，在唐代的宫廷典礼上，来自不同地域的舞伎大肆流行，同时也反映在了同时期的敦煌壁画中。最具代表性的是第220窟，位于右壁的四身胡旋舞。（图1）这是目前所见敦煌经变画中舞伎最多的一幅，色彩绚丽，栩栩如生。乐队中间的灯楼两侧各有一对舞伎，她们横列一排，立于小圆毯上，翩然起舞，舞姿各异，矫捷奔放。到唐代中后期，敦煌壁画中出现了手持乐器边舞边演奏的舞乐形象，像第112窟的反弹琵琶形象，描绘的是伎乐天伴着仙乐翩翩起舞，展现其"反弹琵琶"的绝技。（图2）在敦煌莫高窟壁画中，不同形态的琵琶有700多种，但是这种反弹琵琶的形式却只有这一幅，并且无论是在史料记载中，还是流传诗词中都没有出现过这种形式的表演，可以说是前无古人后无来者，因此也成为众多舞蹈家们创作的灵感来源。到西夏、元朝时期，敦煌壁画中的舞蹈人物受少数民族与佛教文化的影响，有了一些变化，飞天的形象会有典

图1 中唐敦煌飞天反弹琵琶

图2 初唐舞乐图胡旋舞

型的少数民族特征，舞姿也十分地有特色，有代表性的像第 465 窟、榆林的第 2 窟、第 3 窟等。

（二）敦煌壁画中的服饰艺术

敦煌壁画里的人物分两类，一类是佛国的人物，一类是供养人，而佛国的人物又包括了佛、菩萨、天王、诸天、弟子、力士、飞天、伎乐天，等等。早期的壁画中佛国人物的形象受印度的影响，有很明显的西域特点，佛像基本都身穿袈裟，有的半披式，有的垂领式，现代人们都可以还原当时的穿着方法。到唐朝时期敦煌石窟艺术达到了顶峰，壁画中的佛国景象一片繁荣恢弘，人物形象也是极具时代和地域的特色，此时的敦煌服饰艺术呈现出继承传统、胡汉融合、大胆创新的风格特点，同时开始出现大幅绘制的供养人画像和出行图，像幞头、袍服、帷帽等随处可见。（图3）造像朝着市井世俗方向继续发展。也出现了少数民族的人物形象，莫高窟第 237 窟中赞普与各国王子礼佛图中就有清晰可见的民族服饰。到晚期，五代到元朝，这一时期敦煌服饰呈现出丰富的世俗群体，在北宋景祐三年（1036）以后，敦煌为回鹘西夏和元朝所统治，壁画中保留了大量的少数民族

图3　敦煌第159窟，壁画《维摩诘经变》局部

供养人的形象，也为研究古代少数民族提供了丰富的资料。另外，藏经洞发现的文物中有大量的帛画与绢画，虽然分散在世界各地，但是并未流失，我们仍然有机会能够看到里面的内容，也为研究敦煌文化与服饰艺术提供了蓝本。

二、敦煌舞蹈服饰设计案例分析

在不同的表演形式当中，舞蹈是比较特殊的一种，它借助了音乐、舞美、道具、服饰来配合它的表演，因此舞蹈的观赏性是最强的。不管是话剧、歌剧、旅游秀、大型活动等等都离不开舞蹈的表演形式，它可以让演出更加地丰富多彩。舞蹈服饰是这门艺术中非常重要的内容，就像舞蹈的音乐一样重要，它们是舞蹈的灵魂与外化。

图 4 是银川大型文旅演出《看见贺兰》中的舞蹈角色。开场《迎宾秀》以羌笛、西夏鼓、渔鼓等古代的演奏形式引出了第一个主要人物的造型——凤凰仙子。银川又称为凤凰城，相传古时候贺兰山飞来的一只凤凰看到一片风光秀丽的江南景象，不忍离去，竟化身为一座美丽的城市——银川。日落时分、游客入场，驻足于小镇南门迎宾广场，盛大的鼓乐奏响，有着巨大尾翼的凤凰仙子从天而降。这款凤凰服饰为了凸显传统文化独有的风格特点，整体运用了敦煌壁画中飞天的设计概念，其实凤凰的形象完全是人们想象出来的，我们可以自由地赋予她各种风格的形象，但敦煌飞天的元素是最为贴切和打动人的，也最能体现凤凰仙子的韵味。发饰是圆形与火焰纹结合，运用了敦煌壁画中背光的设计理念，服装以紧身为主，彩绘凤凰羽毛的图案，同敦煌飞天身上的彩绘手法不谋而合；肩膀采用了中国传统服饰中云肩的造型特点，用不同质感的羽毛交织成云肩的形态，使人物显得

图4 《看见贺兰》之凤凰仙子设计图及剧照

大气沉稳。这套服饰最大的亮点在它巨大的裙摆上,演员不是站在地上表演的,而是运用当地特色的打磨秋道具将演员托举到空中进行表演,因此裙摆的质感就显得尤为重要,既要有凤凰尾翼的华丽厚重,又要能够在空中翩然起舞。裙摆的材料选用挺括但是飘逸的化纤面料,既可以保证尾羽的轻盈,同时也有足够的强度,因为上面还要贴缝大量的羽毛,羽毛并非运用真实的材料，而是用极其轻薄的纱来代替。因为设计理念来自敦煌飞天，所以运用了敦煌壁画图案的手法来处理凤凰的尾羽，这些长且有造型感的尾翼能够在空中飘逸起来，成为设计的一个亮点和难点。

图5是《看见贺兰》第二板块《胡姬舞》的舞蹈角色，此部分表现丝绸之路、葡萄美酒、美人伴舞。观众入城后，瞬间恍如穿越到贺兰山下的一座塞上边关小镇。向西，斜阳暮色正拂过三关口残破的长城关隘；朝东，傍晚的边塞集市商旅行人往来，售卖丝绸、皮货、茶叶的店铺一字排开，观

图5 《看见贺兰》之丝路胡姬设计图及剧照

众仿佛置身几百年前的边陲小镇。夜晚九时，忽然一阵宏大震撼的音乐响起，会盟大帐前方主舞台上灯光璀璨，各类装饰彩绸在风中起伏飘扬，声势浩大，以灵州会盟为主题的大唐礼乐表演开始了。这一板块的人物造型设计充满了浓郁的边塞风情。胡姬舞娘这个角色表现的是大唐盛世西域民族部落献给唐太宗的舞蹈，西域乐舞的舞姿造型更加奔放，大大满足了中原人士的猎奇心理，文人墨客也才留下了很多赞美胡姬的诗篇，与敦煌壁画中的人物动态不谋而合，因此人物造型设计灵感仍然来自敦煌壁画，除了款式的性感与开放外，敦煌壁画中西域风格的图案设计成为这套服饰的亮点。图案选用了卷草与忍冬纹的结合，色彩选用中国传统的石青、石绿色与充满异域风情的金色过渡，有非常浓郁的中西结合的特点，在图案的工艺处理上也十分的精致，运用了现代数码印刷技术与传统刺绣结合的手法，让图案更加随性灵动，金色的绣线与装饰在灯光的反射下闪闪发亮，华丽而优雅。

图6是大型文艺演出《千年之约》中飞天的舞蹈角色，灵感来自敦煌壁画中飞天与菩萨的形象，设计大胆地运用了金色，金色在敦煌壁画中往往意味着高贵庄严和富丽堂皇，所以多用在菩萨的衣饰和头饰上，具有极强的装饰性。人物的上半身采用飞天裸露与文身结合的方式，将敦煌壁画隐约附着在人体上，加上华丽的飘带与装饰，将舞蹈人物造型极致地提炼与升华。宽阔的裤腿是菩萨在敦煌壁画及彩塑里非常有代表性的一种造型，既可以体现出敦煌菩萨的造型特点，还便于演员自由地展开舞蹈动作，与紧致简练的上半身形成鲜明的对比。这个作品从头到脚都运用了极其丰富的装饰，使这段舞蹈华丽优雅，赏心悦目。

图7、图8是以敦煌飞天为灵感而设计的两张舞蹈服饰效果图。敦煌石窟里几乎每个洞窟都有飞天的形象，她不同于西方的天使，没有翅膀，靠飘逸的彩带与衣裙来体现凌空翱翔的动态形象。这两款设计就是以飞天的飘

图6 《千年之约》舞蹈"敦煌飞天"设计图及剧照

带作为设计元素。可以说敦煌壁画里的飞天本身就是一个极致的创作，被称作世界美术史的奇迹。从十六国开始到元代，随着时间的推移有着明显的时代和地域的特征，像北凉时期的飞天，头有圆光，上体半裸，形象与印度壁画中的人物很相似，形象和绘画技艺上有着明显西域特点。到西魏时期开始出现中原风格的飞天，人物形象是道教宣传的"秀骨清像"，梳起发髻，戴上道冠，也出现了手拿乐器的伎乐飞天。到隋代敦煌飞天更加丰富，飞天有的上身半裸，有的穿无袖短裙，有的向上飞，有的向下飞，体态自由舒展，千姿百态，是莫高窟飞天种类最多、姿态最丰富的一个时代。到唐代，飞天达到鼎盛时期，艺术形象达到了最完美的阶段，舞带飞卷，有的手捧鲜花，有的徐徐飘落，有着唐朝自由奔放、繁荣强大的风格特点。图7

图7 舞蹈"敦煌飞天"设计图　　图8 舞蹈"反弹琵琶"设计图

的设计就是典型的唐代仕女形象，裸露的上身，摇曳的飘带，是敦煌飞天最具标识的特征，将其与唐代仕女的形象相结合，便是手持花瓣的散花飞天。图8则是典型的伎乐飞天，是很多舞蹈作品创作的原型——反弹琵琶。人物造型设计运用了敦煌壁画中反弹琵琶的典型款式，在色彩和装饰上大胆创新，让人物造型更加地精致、富有美感。

三、传统文化回归对敦煌舞蹈服饰的影响

随着社会的进步发展与市场需求的变化，设计行业迎来了全新的面貌。传统文化回归成了各个设计领域都十分前沿与热门的话题。过去，改革开

放四十余年，我们受到了来自西方文化洪流的冲击，那时大家对西方现代的文明与高端的科技充满了好奇与新鲜感，却对我们唾手可得的传统文化产生了视觉疲劳，因此在设计领域掀起了一股狂热的西方潮，这股潮流席卷了中国的各个行业，像建筑、工业、服装等等很多领域。其中服装设计行业是受冲击最大的，人们可以说完全摒弃了中国传统的服装款式，生活装西化、时装西化、表演装西化，似乎所有的服装设计只要是有西方的风格特点就会被打上时尚、洋气的标签。所谓的流行趋势也是从国外每年的新品发布会中复制而来，人们似乎忘记了我们拥有自己的传统文化服饰，并且这些文化都是极具观赏性的无价之宝。这种对本土文化极不自信、崇洋媚外的设计理念一直持续到了21世纪初叶，直到习近平总书记提出了"四个自信"，人们才开始关注和重新审视传统文化的魅力。设计行业开始了传统文化的回归。敦煌这座巨大的艺术宝库，不仅是中华民族的珍贵文化遗产，也是世界文化宝库中的瑰宝。在这个传统文化回归的时代，舞蹈服饰设计从敦煌艺术中汲取了大量的灵感来源，让我们的设计有了全新的面貌，也顺势将中国传统文化传播开来，让更多的人能够感受到传统文化与敦煌艺术的魅力，这也是一个当代舞蹈服装设计师应该做的，也希望我们都能够从这个近在咫尺的艺术宝库里接受她无私的滋养。

立象以尽意
——谈舞蹈服装设计创作

魏 静

《毛诗序》中说："情动于中而形于言，言之不足故嗟叹之，嗟叹之不足故永歌之，永歌之不足，不知手之舞之，足之蹈之也。"歌舞素来是人类表达情感的方式。这种方式比之诗歌、文学、绘画等其他艺术形式更加畅快、直接，也富有更多的表现力。因此，歌舞演出这种艺术形式，是更加长于抒情的。舞蹈的造型性使得人体的线条和动作具有美感，并且也体现了人物的神情，全面展现出了人物的感情色彩及性格特点。

作为人物形象塑造的重要部分的舞蹈服装的设计，设计师要通过服装设计来传情达意，就必须要找到设计的立足点，将自己的设计语言系统建立起来，创造出可被人感知的生动的人物形象，这是一个神奇而有趣的过程，而这一创作的过程，我们可以借用中国美学传统中"意象"的概念加以阐述。

"意象"一词是中国古典美学中的用语。在中国传统艺术如中国画、戏曲的创作中，"意象"的艺术创作方法是最常见也是最普遍的一种方法。所谓"意象"，就是指艺术家主观情意与外在物象的结合。说得直白些，就是一个艺术家在创作的过程中，以主观情意去感受他要创作的人物或形象，通过联想，在头脑中形成一个与所要表现的人物形象相吻合的视觉形象，然后借助于艺术表现的手段（如夸张、变形、重复、概括等手法）外化为艺术作品中的形象——这种形象的形成可以说是设计中最为重要，同时也是最为基础的一步。正是这一过程使设计者最终为他所要创造的形象找到一个合适的切入点，设计才能由此展开，形象才能由此确立。

多年教学和实践的经验告诉我，对于舞蹈服装的设计而言，这种古已有之的创作方法并不古老和过时，情感永远是人物造型创作的支点。因此，准确把握情感、情绪，准确把握人物的内心世界这个"意"，寻找适当的、鲜明的形象来表达人物，是一个服装设计成功与否的关键。

一个虚无缥缈的形象之所以能够转化为一个明确的形象，最重要的是最终的"象"要能够明确地表达"意"，要让观众通过眼前的这个视像来感受到人物角色的诸多信息。因此，意象的前提是"意"与"象"之间在本质上存在着某些共性的联系。也就是说，联想的基础是事物之间的内在联系和共性。如果这两个形象之间存在着某些重叠部分的话，那么，观众自然就能通过联想理解作者的意图，明白作者的"意"。所以，设计师在创作中就需要运用他大胆的想象力和在生活中积累的大量的生活经验，以及大量的形象资料，为那个"意"找到恰如其分的"象"。在创作的过程中，我们通过联想，运用与被设计物具有内在共性的某些视觉形象为创作的基点，在此基础上进行夸张、抽象、变形等大胆的处理和二次创作，将这些视觉形象转化为服装的语言，运用服装的不同材料和工艺手法最终将我们要设计的形象和我们联想到的形象合二为一，从而形成完美的设计。

下面，我将以不同的案例为例，说明设计师们如何以自己的"意"来创造舞台形象。

案例一：舞蹈《爱莲说》（服装设计：李锐丁）

古典舞《爱莲说》是第八届全国桃李杯舞蹈比赛 A 级古典舞青年组"金奖"作品。它的创作来源是宋代理学家周敦颐所写的散文《爱莲说》。

图1 《爱莲说》

编导赵小刚通过对于莲花这一承载着中国文人诸多想象的美好形象的拟人化、意境化,用古典舞中的动作语汇和技术技巧对这种形象做出了新诠释。

在中国人眼中,莲花从来都不是简单的荷花,莲花象征着"纯净""高尚""坚挺"的品格,说起莲花,人们也会联想到佛教中的"莲花宝座",因此莲花也就更具"圣洁"之意。在周敦颐笔下,"出淤泥而不染,濯清涟而不妖,中通外直,不蔓不枝,香远益清,亭亭净植,可远观而不可亵玩焉",这正代表了中国传统文人对于莲花的性格与品质的认可。那么,对于这样一个集美丽、坚韧、圣洁于一身的"莲",如何用具体的形象来表现出创作者对这一美好形象的想象呢?

设计师李锐丁采用了"粉色的花瓣"与"墨荷"这两个基本形象来表达具有诸多文人精神的中国传统文化中的荷花形象。对于荷花这一形象而言,粉色的花瓣是荷花的基本特征,选择将这一视觉形象作为设计的主要语言形象不足为奇,但高明的是,设计师在创作中采用了"墨荷"这个在中国传统绘画中极富特色的画法,以墨色作为服装的另一极色彩,仅仅是以单纯的黑色就使观众产生了墨荷的联想,自觉地将粉色界定为莲花的花瓣,而黑色则成为衬托粉色莲花的荷叶。这个用色一下子从现实世界跳脱出来,进入了具有文化深度和沉淀的中国传统文化的世界中,使莲、荷的世界得以升华,充满了东方的人文情怀,也自然地使得观众对于莲花的美的感受逐渐上升为对于莲花的高洁品质的赞叹。

可以说,设计师对于服装色彩的巧妙设计使舞蹈的人物造型从简单的"拟物"设计升华为以"象"表"意"——中国画"墨荷"概念的引入使得观众在对视觉形象的欣赏中自然联想到了中国传统文化中对于莲花高洁品质的赞美与观照,使莲花这个形象提升了文化的高度与厚度。

案例二:舞剧《沙湾往事》(服装设计:阳东霖)

在歌舞服装的设计中,歌舞服装的抒情性也是其他舞台服装无法承载的特征之一。通过人物造型及服装的设计,加强人物的内心情感的表达,揭示人物内心的情感波澜,将人物内心的矛盾、痛苦及不安等等激烈的情绪予以展现和强化,在不知不觉中加强了歌舞演出中的情绪,使戏剧以更加波澜壮阔的方式展开,是歌舞服装设计的一大重点。比如,在舞剧中的群舞场

图2 《沙湾往事》

面是舞剧的特色和美的集中体现。因为群舞能更多地表达情绪，塑造规定情景，烘托气氛，甚至还在舞剧中经常以大型的群舞来表达主要角色的内心，起到强化情绪和氛围的目的，并且，很多群舞角色并没有特定人物的身份限制，只是虚幻的一种形象，因此，群舞的服装设计反而更加开放和富有想象空间。这时的舞蹈服装就承载了强烈的抒情功能，设计师需要通过服装的色彩、款式、质地等内容鲜明地表达甚至强化出特定环境和场景中的特定情绪，即那个"意"。如舞剧《沙湾往事》第一幕中群舞《雨打芭蕉》一段，就用青春、明丽的女子群舞表现了何柳年与许春伶之间的爱恋与思念。在这一段群舞中，设计师运用干净、明亮的色彩和深沉、苍凉的舞美营造出来的环境的对比，把观众似乎带到了岭南那蒙蒙细雨的春日，少女们轻柔的罗裙和清丽的服装色彩也使人们好像呼吸到了春日山里清新的空气般，心情舒畅，但在这明丽的一抹亮色中似乎也包含着一点点忧伤的底色。这组群舞的服装，不仅表现了岭南蒙蒙细雨的春日氛围，对于表现何、许二人的情感也起到了精彩的烘托效果。恋爱的缠绵、相爱却无法相守、偶遇的惊喜等等复杂的情绪通过人物服装与舞台变幻的色彩及其产生的美好图景得以一一展现。

案例三：音乐剧《钟楼怪人》

在文学中，作家以明月表现乡愁、以鸿雁表现思念、以春燕表现爱情、以秋风表现悲愁，因而，文学的形象具有"言外之意""景外之景""象外之象"的特点，舞台服装同样具备这样的形象特征。在舞台服装设计中，设计师们最为常用的语言就是利用某些具体的"形象"获得形象语言以外的内容，以达到立象以尽意的目的。

舞台上人物服装的造型与结构方式，色彩搭配与比例等因素无一不传达出某些"信息"，这些信息可能指向人物的身份或者性格，乃至人物的心理，通过这些外在的表现形式，人物的内在得以显化，使抽象的"意"得以具象的表现，戏剧情节得以展开和发展。如法国 2019 年的音乐剧《钟楼怪人》中主教的服装设计就充分利用了物理世界与人们心理世界的"异质同构"的原理，将主教的服装设计成带有两个羽翼的黑色连帽长外套，使得主教在展开双臂时整个造型呈现出一个老鹰的凶悍姿态，使观众准确感受到主教在仁慈的外表下被欲望折磨、蜕变为一个可怕的恶魔，并结合灯光形成的巨大身形，使观众们强烈地感受到主教那令人窒息的压迫感。

意与象此时完美地契合在一起，给观众以心灵的震撼。

图3 《钟楼怪人》

案例四：舞剧《只此青绿》（服装设计：阳东霖）

在歌舞服装的设计中，很多设计师擅用意象化的创作方式来表现角色人物的性格特征、内心世界等内容，通过形象化的可视造型语言来传达那些可以"感知"却无法"看见"的感性形象。这样的表现手法使人物获得了更加强烈的表现力和戏剧张力，使舞台上的人物形象更加精彩。

如舞蹈诗剧《只此青绿》通过"展卷、问篆、唱丝、寻石、习笔、淬墨、入画"七个篇章，讲述了一位故宫青年研究员"穿越"回北宋，以"展卷人"视角"窥"见画家王希孟创作《千里江山图》的故事。在剧中有一段非常意象化的群舞舞蹈，成为这个剧中的经典场景。舞蹈演员身着青绿

图4 《只此青绿》

色的服装，高挽发髻，像青绿山水中的重重叠叠的山峦，从画中徐徐走出。她们的服装采用了中国传统服饰中长袍大袖的基本款式，丝毫没有多余的装饰，只是在服装的裙摆处做了不对称的层叠处理，使大的青绿色块产生了节奏和层次的变化，仿佛碧翠的山峦，层峦叠嶂。服装设计中强化了服装的色彩，简化了服装的款式和细节设计，使设计的重心更偏重于纯净的颜色和简洁的造型感。正是由于服装款式的干净、纯粹，在这场群舞的演出中似乎给了观众们更多色彩上的震撼，漂亮的青绿色融入舞台背景中，自然地与《千里江山图》合而为一，成为整个舞台表演的一部分，令人愉悦，给人以深刻印象。

案例五：舞剧《孔子》（服装设计：阳东霖）

在舞台服装设计中，虚实也是设计师需要处理的重要的因素。歌舞擅长表达的正是艺术家们看不见、摸不着的虚无缥缈的"精神"和"情感"，也就是"意"。在歌舞服装的设计中，设计师需要明确在演出中哪些形象是"实"，哪些形象是"虚"，在一个人物形象的创作中需要强调哪些元素或信息，而又要淡化哪些形象和信息，也就是在设计中要抓住哪些主要的"象"，即形象元素，等等。在这种认识的基础上，一个设计师才知道如何处理人物之间的实与虚，利用形象元素的凸现程度、色彩之间的对比程度，以及服装制作工艺的差异化处理来实现歌舞服装设计中对于"实"和"虚"的把控。

图5是舞剧《孔子》在开场的一段群舞《祭孔》，表现的是"执羽而舞，追忆先师，仁德礼乐，流泽无疆"。可以说是非常"虚幻"的情节与内容。而作为舞蹈服装设计，天然就肩负着表现情绪、心境等非常虚幻的工作内容。在这段舞蹈中既要呈现出祭祀的仪式感，又要表达出孔子思想生生不息的气势感。设计师利用自己对中国传统文化的深刻理解，精确地把控了设计中的几个重点，从而传达了剧目中这段舞蹈所要表达的内容。

首先，设计师利用了"翎羽"这个具有符号意义的形象元素。雉鸡尾羽在先古时代作为祭司的常用服装道具，直到今天，在内蒙古等少数民族地区萨满教中依然被作为与天地通神的工具。因此，当演员双手恭敬地捧着雉鸡尾进行舞蹈时，祭祀的庄严的仪式感就被充分地塑造了出来了。

而对于服装的设计，设计师运用了春秋时期的"深衣"为设计原型，突出了款式上的简洁，减少了春秋时代服饰上的花纹和装饰，而只是运用了红、蓝两个简单的色彩。有人说：越是简单就越有力量。的确，越是单纯，越是简单反而使力量更加集中，也就更有力量。当其他一切因素都被抹去，

图5 《孔子》

只剩下简单的两个色块，这两个色块就像八卦中的黑与白，在世界的两极，相生相克。而这黑与白转化为了更富舞台色彩的两个对比色——红与蓝。这个设计蕴含着中国传统哲学中对世界的认识和看法，使这段舞蹈对于孔子思想力量的表达更为有力。

案例六：舞剧《杜甫》（服装设计：阳东霖）

舞剧《杜甫》中每一个舞段都凝练了杜甫对于时代中不同阶层的不同看法及当下心境，其中，作为《杜甫》中最华丽、最妩媚的群舞之一，《丽人行》舞段中的服装便找到了自己"专属"的形式美，并将其作为剧中视觉美感的构建。这段舞蹈的舞姿造型以"失重"动作居多，形成了"不动形不成，形成仍在动"的独特风格。为了突出这独特的舞蹈语汇，设计师抛却了常规的绣花绣银、大红大绿，别出心裁地用轻薄的"纸张"做出了盛世唐装，既有厚重、沉稳，同时还兼具脆弱之感。当服装从舞者身上脱下，在舞台上扭曲翻转成为一座座连绵起伏的"小山"，这段舞蹈形成了它独特的灵魂，也形成了一种独一无二的形式感。通过这种"异质同构"的解读，在衬托出了杨贵妃衣裳的华丽与大气的同时，"纸质"在舞蹈中产生的缠绕、堆积既表达出了那个时代中的女性独有的精神气质，同时也寓意了封建时代的女性命运的悲惨与脆弱；暗示了唐朝走向衰败的缘由。宫殿下方的舞美则运用大气磅礴的山峦景象，映在竖纹肌理的屏风上，充满了书卷质感。同时，服装还采用了数码热转印技术，喷绘出了绢纸般的色彩，既彰显了杜甫身上浓重的书卷气息，又符合舞剧整体的色彩基调；既有历史沉淀的厚重，又具备了当代的时尚感，大大提升了整体艺术效果。服装设计理念遵循了《道德经》里提到的大道至简、大象无形的审美意趣，以极简

图6 《杜甫》

的形式启示着最深刻的内容，意象化地呈现了唐代在辉煌大气的气象下不堪一击的脆弱与糜烂。

这段舞蹈中的服装呈现出的深沉的"脆弱感"，这种视觉上的独特与唯一，使得这段舞蹈成为中国舞剧中的经典舞段之一，给观众的心灵留下了深深的震撼。

案例七：《培尔·金特》（服装设计：李敖惟）

《培尔·金特》是挪威著名的文学家易卜生创作的一部极具文学内涵和哲学底蕴的作品，也是一部中庸、利己主义者的讽刺戏剧。该书通过纨绔子弟培尔·金特放浪、历险、辗转的生命历程，探索了人生是为了什么，人应该怎样生活的重大哲学命题。该剧反映的虽然是严肃的人生主题，但具有鲜明的讽刺喜剧特点及舞台闹剧因素，大量采用象征和隐喻的手法，塑造了一系列扑朔迷离的梦幻境界和形象。根据《培尔·金特》剧目的特点，设计师在对这个剧目进行人物造型设计的时候不是以现实中的生活真实为依据，而是以"意象"创作的手法对人物进行了设计和创作。图7的索尔维格在原著中是培尔·金特的爱人，她纯情、坚定，在几十年漫长的等待后对培尔依然充满坚定的爱情，她对信仰的执着、对生活的希望以及对爱情的坚守都与培尔·金特恰恰相反。设计者有意让索尔维格穿上一袭洁白的长袍，以象征人物的纯情与坚决，在长袍帽子的处理上，作者将欧洲修女头巾的穿戴融入进来，这样使人物自然获得了"贞洁"和"信仰"的联想。而头巾下面层层叠叠的褶皱设计一方面使这种层次感与人物服装的袖子和下摆取得了对比和呼应，另一方面也增加了服装的美感。设计师巧妙地利用修女服饰中给观者带来的联想，将索尔维格这一人物最为重要的品质显化出来，

图7 《培尔·金特》，左图：索尔维格，右图：英格丽特

用"修女"的象来表达人物的气质特征这个内在的"意"，可以说是非常恰当和巧妙的设计。

而对英格丽特这个人物的设计，设计者也采用了同样的思路，以"象"表"意"。作为在婚礼上被培尔·金特掳走的新娘，遭受了培尔的强暴后又被无情地抛弃，命运可谓悲惨至极。设计师用一件"被撕破"的欧洲古典样式的礼服裙来表达一个新娘的被践踏、被糟蹋的命运。头上披着拖地的头纱却没有花冠，白色的裙子不但被撕烂，还被污浊、被揉搓。设计师用色彩的渐变、衣料的褶皱表现出英格丽特这个人物悲惨的遭遇和境地。

案例八：全国第十届运动会设计方案

再以"全国第十届运动会"开幕式演出中的火精灵这个形象为例，在第一场《世纪锻造》中，为了表现熊熊烈火，这一场中有40名表现火焰的舞动长袖的火精灵形象。在这个形象设计的过程中，从一开始使用火的意象发展到最后采用火焰和鸟的双重意象来塑造这一生动形象，这个过程正是意象化创作的不断深化和延伸的过程。在最初的设计中，所有的设计师都不约而同地运用了火焰、火苗的形象，色调也是以红、黄、橙色等火焰的色彩为主，但这种相似的构思必定造成设计上的雷同和缺乏新意。于是，同学们在这一形象的基础上进行了深入的挖掘和思索。在经历了更多的构思之后，"鸟"这个形象跃入了视线。因为，火精灵这个形象不应该只是体现"火"，还要表现"精灵"这一形象特征。显而易见，精灵在我们的脑海中应该是带有一定灵性的，具备一些人类不具备的能力的生命，也许它可以飞翔，能够变化，等等。总之，是一种具备神奇能力的生灵。因此，鸟这个形象似乎和精灵之间有着某些内在的联系。用鸟的羽毛和鸟的翅膀来表现精灵不正是将精灵的本领外化了吗？因此，在火精灵的形象中，在头饰和长袖的部位加入翅膀和羽毛的因素就显得非常妥帖、自然。另外，在考虑精灵这个形象时，色彩的变化也显示出了意象创作的力量。在体验到精灵这个形象具有超凡能力之后，蓝色、紫色等这些更具精神性的色彩被使用在设计中。冷色的使用使精灵这个形象更加空灵，具有超脱凡人的气质，正如拉斐尔用蓝色调表现圣母和圣子，使两个肖像更具神性。如此，一个丰满、生动的形象诞生。可以说，在设计构思的整个过程中，从"意"出发展开联想，为这个"意"找到一个适合的形象，找到一个恰如其分的切入点，从而展开深入的设计，在这个意象的基础上发展、延伸、深化，这正是一名设计师在设计中共同的

图8　火精灵

创造性思维活动。掌握了作为创作方法的意象设计法,无疑将使我们在设计思路上比以往更加开阔,更加宽广。

综上所述,掌握了意象化的创作方式就像掌握了一把开启设计思维的钥匙,使我们进行创作的时候有了一个落脚点、出发点,使我们的形象设计有了一个合理的支点。对所要设计的形象有了要表达的主观的"意",进而根据这种"意",在我们天马行空的联想中将这种"意"化为某种"象",并根据演出的形式对我们所选取的"象"进行强化、夸张、变形等等艺术处理,一个个完整的艺术形象就会从我们的头脑中逐渐变得清晰明了,并最终成为舞台上生动鲜活的生命。

数字时代科技赋能北京文旅创作社会调查 *

吴 振

引言

北京科技与文旅结合的发展取得令人瞩目的成绩，但也存在"科艺融合"的问题。艺术院校的部分课程教学存在着相对行业发展滞后的问题，有待改革创新。我们应与文旅行业领军科技企业进行多种形式的校企合作，通过产学研打通壁垒，使学生真正了解社会和行业发展的需要，促进教学体系和内容的与时俱进。从而促进文化数智双赋能北京文旅行业发展，建设北京历史文化名城保护与文化传承的协同创新高地，扩大北京文旅海外影响力。本研究选择北京有代表性的三家文旅科技公司进行实地调研和问卷调查，从数字舞蹈、数字舞美等角度了解依托北京文化将舞蹈与科技相结合的现状与方式。同时反思目前艺术院校相关课程教学的不足，探寻其解决办法。

---

* 项目获 2023 年"双百行动计划"青年教师社会调研项目支持。

一、调研概况

（一）调研背景

我国已走进科技文旅新时代。科技创新不仅仅是数字化的创新，还包括装备技术的更新和资源、生态环境保护技术的创新以及内容和表现方式的创新。以 2022 年北京冬奥会为例，有 212 项技术在北京冬奥会应用，其中有大量科技应用于舞台文旅。冬奥会后，"科技冬奥"成果持续助力经济社会发展，清华大学成立了"奥林匹克艺术研究中心"，对成果持续深化研究，不断反馈社会。科技企业更是将科技成果转化为生产力，应用于文旅创作的第一线，助力打造"大戏看北京"文化名片，扩大北京文旅海外影响力。文化数智双赋能北京文旅行业发展，建设北京历史文化名城保护与文化传承的协同创新高地。

如今，包括 XR、AI 实时视频特效交互等在内的科技成果已经广泛应用于电视、网络直播、实景文旅剧、舞台剧的创作。例如担任 2022 年北京冬奥会开幕式视觉的科技企业"黑弓"，将科技与北京文化相结合，借助古老建筑打造"元"全域沉浸剧场。担任 2022 年北京冬残奥会开闭幕式视觉创作的科技公司"北京鱼果文化科技"在北京首钢园和阿那亚戏剧节打造沉浸式光影秀，通过科技赋能文旅，文化传承创新建设首都。

（二）项目意义

我校师生参与了中华人民共和国成立 70 周年庆典活动和庆祝建党百年文艺演出《伟大征程》，参与了 2022 年冬奥会和冬残奥会开、闭幕式等国家大型演出，对科技应用于舞台演出已有直观的感受，深刻体会到科技对文旅创作观念产生的影响。冬奥会结束后也需要对科技持续关注，对创作经验进行整理归纳，将科技应用于文旅创作中，敏锐关注科技赋能下文旅创作的发展趋势，舞台视觉设计和舞蹈创作领域的新变化。

"科技＋文旅"应该多元化和系统化，项目团队通过选择有代表性的三家北京与文旅相关的科技企业进行实地调研、访谈和问卷，通过典型案例了解将北京老字号、非遗、文博资源与科技相结合进行艺术创作的现状与发展趋势，积极参与将舞蹈、科技与北京文化相结合的实践探索。通过产学研校企联动整合学术资源，打造北京文旅创作特色拔尖人才培养示范基地，为新时代文化创作人才培养提供经验，使艺术类高校教育跟上时代的浪潮，更好服务北京"四个中心"建设，助力学校早日建成国际一流高水平专业性大学。

（三）调研目标

1. 通过调研，了解数字时代科技赋能北京文旅创作的现状与发展，开阔视野，增长相关知识和技能，引导学生积极参与舞蹈、科技与北京文化相结合的探索与实践。

2. 针对学生参与、胜任这类文旅创作所欠缺的知识技能，探讨目前艺术院校相关课程的不足，寻找解决的途径方法，使艺术院校的教育与时俱进，满足社会、行业发展的需要，跟上时代的步伐，为打造北京文旅创作特色拔尖人才培养示范基地提供依据。

（四）调研思路

首先成立调查小组，开展实地调研。选择有代表性的三家北京与文旅相关的科技公司，让学生实地参观考察，亲身体验。从数字舞美、数字灯光、多媒体影像装置、数字舞蹈等角度了解探讨依托北京文化将舞蹈与科技相结合的现状和方法。综合运用下列方法：

实地观察法，获得直接的、生动的感性认识和真实可靠的第一手资料。

访谈调查法，包括个别访谈法、集体访谈法、电话访谈法等，获得更多、更有价值的信息。

会议调查法，邀请若干调查对象以座谈会形式搜集资料、分析和研究相关问题。

专家调查法，邀请相关专家作为索取信息的对象，简便直观。

典型调查法，选出具有代表性的科技文旅项目进行调查研究。

随后，采用调查问卷研究法。在完成对3家企业参观调研后，参与此次项目的32名学生（艺术设计系本科生21级和23级研究生）填写调查问卷（见附录），并对数据进行统计分析，得出结论。

（五）调研对象

三家科技企业涵盖了从硬件（视频显示、媒体编辑服务器等）到虚拟内容创作的全流程。

1. 利亚德集团，成立于1995年，连续20年为国庆庆典提供视效服务和保障，包括国庆50周年、60周年、70周年庆典，2008年北京奥运会，2022年北京冬奥会，军运会开、闭幕式，中国共产党历史展览馆"百年红色记忆"，庆祝建党百年文艺演出《伟大征程》等国家大型活动及演出。这些演出活动北舞师生均参与创作表演。完成武汉、长沙、青岛等百余城市的景观亮化，落地文化演艺及文旅项目，以科技赋能文旅产业。致力于通过技术创新、产品创新、高端制造，引领全场景智慧显示应用新时代。始终专注于智能显示领域，坚持稳健经营、持续创新、开放合作，形成以LED显示事业为核心，虚拟现实（元宇宙）产业、文旅夜游新业态融合发展的全生态事业群。凯文·凯利说："我们已经成为屏之民，屏端构成了新的媒介生态系统。"

2. 深澜 AI 空间，它是澜景科技旗下以人工智能为主题的文化交流空间，汇聚艺术创作与前沿科技的碰撞与交流。作为国际视野的数字化艺术创作与展示平台，旨在用人工智能来链接文化产业和赋能文化产品，实现科技与文化的深度融合。其包括 AI 空间展厅、XR 虚拟制片实验室。其自主研发的多媒体播控系统应用于 2022 年冬奥会、2023 年亚运会开闭幕式以及各文旅演出项目。

3. 央视 XR 部门，北京中视广信科技有限公司，是中央电视台、中国国际电视总公司旗下唯一从事信息技术开发和集成的公司。公司长期致力于中国广电行业信息化建设，目前业务已覆盖电视、广播、有线、新媒体等多个领域，是中央电视台、中央人民广播电台、中国国际广播电台、央视网、北京广播电视台、北京歌华有线、上海文广集团、浙江广电集团、江苏广电集团、深圳广电集团等媒体单位最主要的合作伙伴之一。其核心团队之一虚拟团队长期驻扎中央广播电视总台，为台内各大频道和节目组提供虚拟解决方案，通过使用增强现实和虚拟场景，专注于传统实景设计和虚拟相结合的混合环境，让节目组用更现代的艺术语言去讲述中国故事，以此获得更高的收视率。

二、调研内容

（一）实地调研内容与成果

1. 利亚德集团

2023 年 11 月 21 日下午 4:00—5:30，北京舞蹈学院师生共 30 余人参观位于北京海淀区的利亚德集团总部并深入调研（教师：吴振、帅小军、时铭涵，学生：艺术设计系21级灯光设计、舞台美术班本科生和23级研究生）。集团的刘经理和洪涛老师带领大家参观并解答同学提出的问题。

师生亲身体验了利亚德的8K超高清Micro LED屏幕及其他展厅中引人注目的应用，例如VR影院、沉浸式3D显示系统、LED互动体验内球屏、LED互动体验屏、全息投影舞台、XR直播间、交互地面LED等。

参观冬奥会开幕式同款交互地屏时，刘经理详细地讲解了开幕式多媒体技术应用的原理。在参观使用全息投影技术的G-Dragon Hologram Concert全息舞台时，学生与舞台上呈现逼真的虚拟明星共同表演、互动。

同学们纷纷参与体验展厅的这些技术演示，利亚德集团的技术专家还为同学们介绍了Optitracks光学动捕系统。参观过程中，学生们提出问题并与利亚德集团的技术专家进行交流，深入讨论了数字交互、运动捕捉、虚拟拍摄的各项技术。在虚拟制片XR实验室中，洪涛老师亲自展示了XR系统的强大功能，它们可以在虚拟世界中模拟各种场景，实现虚拟拍摄的无限可能性以及对虚拟拍摄中LED屏幕的使用和选择。随后，师生在"月球表面"合影留念。（图1—图5）

此次调研的成果有：

（1）了解了屏幕科技的发展历程

集团通过三次技术创新引领行业发展，从1998年自主研发国内首块LED全彩显产品到2010年原创小间距LED（P2.5），再到2019年领创Micro LED显示新时代（P0.6），将创新驱动发展战略贯穿企业发展始终，通过带动自主研发不断推动LED显示产业优化升级，产品涵盖P0.9—P1.8，以及P1.0以下Nin1 Micro LED显示产品。

图1　利亚德集团欢迎舞蹈学院师生参观

图2　参观结束舞蹈学院师生合影

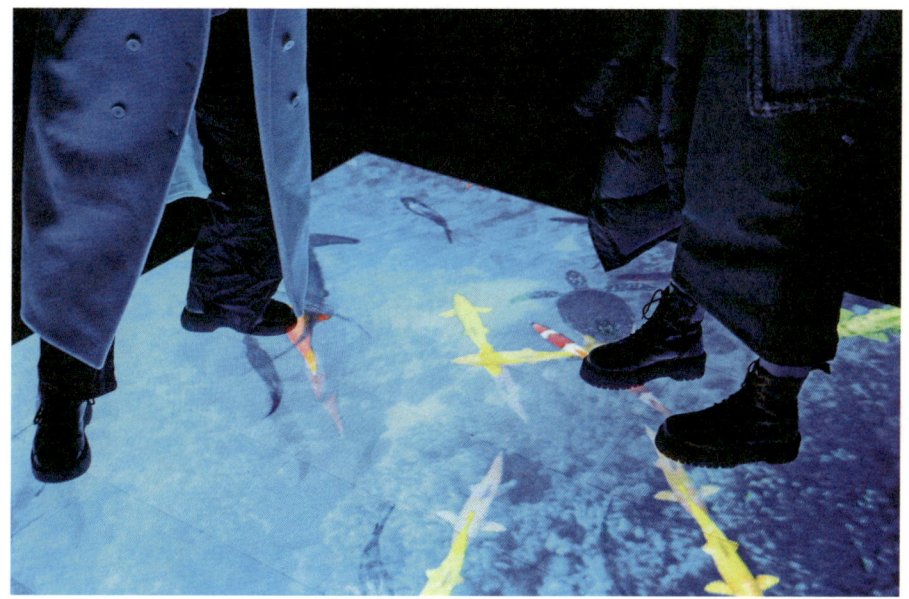

图3　同学们体验交互地屏

图4　在虚拟制片 XR 实验室合影

图5　师生体验270度沉浸式影像

（2）更深入体会屏幕在文旅创作中的作用

"数字科技 + 美学创新"，是北京冬奥会开幕式的视觉标签，11000m^2 地面显示屏、1200m^2 冰瀑布、600m^2 冰立方、1000m^2 鸟巢两侧看台屏，以及支撑整场演出视效的播控系统……组成了世界最大的 LED 三维立体舞台，地屏整体能够呈现裸眼 3D 效果。此外，地屏四周有一圈"黑场"，其实那也是屏幕，比如雪花飘下时，在这一区域翻转，给人的视觉效果就是雪花纷纷扬扬地撒下。地屏还带有动作捕捉互动系统，在鸟巢的"碗口"处安装有摄像头，能够实时捕捉地屏上人的动态，实现动态捕捉，演员在冰屏上滑雪的场景，演员"滑"到哪儿，地上的"雪"都被推开。北舞创意学院的部分师生参与了和平鸽展示环节，小朋友在地屏上玩雪，走到哪儿，哪里就

图6 同学们体验 Micro LED 触摸屏

有雪花,动态捕捉系统既优化了场景,也使得场景更具有真实感。(图6)

(3)参观数字化服务基地,对数字文旅的整体产业链有深入了解

参观利亚德北京总部的数字化服务基地,包括动作捕捉区、混合现实拍摄区、智能数字建模区。有虚拟现实(元宇宙)OptiTrack 运动捕捉、XR 技术、数字人集成沉浸式交互展厅、球幕装置、XR 装置和空间体验。

(4)考察校企合作模式的成果

创造文化场景体验、文商旅综合体验、文化科技与深度融合的文化体验消费。与上海戏剧学院合作的大型多媒体空间体验秀《天酿》,用数字媒体手段表现了茅台酒的酿造过程。

这次参观旨在让同学们亲身感受和了解科技应用于文旅创作的潜力,以及未来如何运用于自身的创作实践中。同学们纷纷表示，这次体验令他们大开眼界，对科技在文旅创作中应用的潜力以及文旅创作形态的新变化、新趋势有了更深刻的理解。利亚德集团的视效系统在电视直播、电影制作、文旅演出和虚拟现实行业中应用前景广阔。通过这次难得的学习机会，北京舞蹈学院的同学们为将来的职业生涯积累了宝贵的经验和知识。

2. 深澜 AI 空间

2023 年 11 月 26 日，在吴振、吴蕾、成永苹三位老师的带领下，创意学院 22 级艺术设计系、现代舞系、编导系学生共 10 余人来到位于北京朝阳区 798 的深澜 AI 空间，亲身体验了 XR 虚拟制片及其他展厅中引人瞩目的 AI 应用。

在深澜 AI 空间老师的引导下，首先参观了 AI 空间展厅，正在陈列的是"无人之境"和"无限游戏"人工智能艺术展，其中的部分作品为澜景未来媒体学院奖获奖作品。据空间的老师介绍，该奖项为澜景联合中央美院、中国美院、广州美院等八大美院研究生处开设，以培养艺术与科技结合的人才。

之后同学们来到 XR 展厅学习调研，参观过程中，学生们提出问题并与深澜 AI 空间的技术专家进行交流，深入探讨了数字交互、运动捕捉、虚拟拍摄等各项技术。在虚拟制片 XR 实验室中，技术专家亲自展示了 XR 系统的强大功能并与师生互动，22 级现代舞班的同学在 XR 环境中进行即兴表演。师生学习了拍摄制作流程并在"Cyberpunk"未来城市合影留念。

在 AI 创研室，同学们还体验了通过 AI 人工智能技术将绘画转化为 3D 模型并呈现在虚拟世界的 AI 教学应用。同学们用画笔在纸上绘制灯、鱼等图案，通过对画面进行扫描将其在虚拟世界转化为生动的动画影像。（图 7—图 12）

图7　同学们在 AI 空间展厅参观

图8　同学们在 XR 虚拟制片实验室合影

图9 技术专家亲自展示了 XR 系统功能

图10 同学在 XR 环境进行即兴表演

数字时代科技赋能北京文旅创作社会调查 | 119

图11　师生在 XR 虚拟制片实验室合影

图12　同学们通过 AI 人工智能技术将绘画转化为3D

这次参观旨在让同学们通过实地考察直观地感受和了解科技应用于文旅创作的潜力。亲身在实验室片场学习 XR 的拍摄、制作、编辑流程，以及该技术在数字舞蹈和舞台创作中的应用。

3. 央视旗下的北京中视广信科技有限公司

2023 年 11 月 28 日下午 4:00—6:30，项目团队（教师：吴振、成永苹、吴蕾，学生：设计艺术系 23 级研究生，21 级舞台美术、灯光设计班本科生）来到位于光华路的中央广播电视总台旗下北京中视广信科技有限公司交流学习，以"虚拟互动节目制作"为主题进行技术交流。边老师、赵婧老师结合公司的特点给同学们介绍了行业发展现状及前沿科技。

调研的成果有：

（1）了解了央视虚拟团队的特点和前沿科技的相关知识

与传统虚拟制作公司不同的是，央视虚拟团队建设是从创意、设计、制作、开发、实施整个系统架构开发全流程的团队组件，由资深的 C++ 研发工程师带队，不仅能快捷搭建虚拟环境类节目，也能为大型的融媒体互动节目定制开发项目架构，同时也能将台里各个媒资数据接入虚拟系统中提供数据交互。

边老师给同学们介绍了与虚拟制作相关的概念，其虚拟技术和应用包括 VR（Virtual Reality）虚拟现实（完全虚拟环境，绿幕抠像）、AR（Augmented Reality）增强现实（在现实的基础上被动叠加虚拟画面）、MR（Mixed Reality）混合现实（通过可穿戴设备叠加虚拟画面实现主动交互）、XR（Extended Reality）扩展现实（现实空间与虚拟的无限空间的结合）。（图 13、图 14）

a. 虚拟现实（VR，Virtual Reality）

在广电中多表示为用于绿箱或蓝箱的抠像类节目，通过实时虚拟引擎制作出仿真效果的场景，将主持人或者嘉宾通过抠像技术，植入虚拟环境中，

图13　同学们在北京中视广信科技有限公司合影

图14　同学们在北京中视广信科技有限公司合影

完成节目效果的合成。空间扩展，场景虚拟，事件还原，场景切换。

b. 增强现实（AR, Augmented Reality）

增强现实是指实时的，直接或间接的物理现实视图，通过计算机生成的感官输入（如声音、视频、三维物体）增强或补充其视图内的元素，基于现实的 AR 利用某些设备增强了现实。在广电领域，多表现为虚拟植入，实时包装、提供现场不具备的景物或内容。

c. 扩展现实（XR，Extended Reality）

通过计算机技术和可穿戴设备产生一个真实与虚拟组合的可人机交互的环境。扩展包括增强现实、虚拟现实、混合现实等多种形式。在当前广电行业，这个技术是指利用 LED 屏和虚拟现实，通过对摄像机运动和镜头的追踪，用"假"的画面填充覆盖某些"真"的地方，起到补充和扩大场景的效果。

d. 混合现实（MR，Mixed Reality）

混合现实技术包括增强现实和增强虚拟，它是虚拟现实技术的进一步发展，该技术通过在虚拟环境中引入现实场景信息，在虚拟世界、现实世界和用户之间搭起一个交互反馈的信息回路，以增强用户体验的真实感。目前广信使用 Holoens 2 进行 MR 节目的探索。

e. 虚拟制片（Virtual Production）

视频后期制作，可以使用虚拟引擎的动画镜头编辑功能，直接完成复杂交互的后期 4K 级别的三维视频制作。合成后期制作，通过对视频素材进行跟踪，可以对普通的视频进行三维场景内容合成，作为后期特效。

（2）了解了节目制作场景的最新方案及相关技术

a. 千人连线虚拟植入服务方案

应用场景：千人连线虚拟植入服务方案是具有广信特色的创新虚拟服务

方案，广泛应用于大型交互类虚拟类节目制作。可实现实时低延时高画质千人连线互动，支持大屏、AR、VR、XR等多种呈现方式，同时支持全媒体数据类型实时接入，可实现千人在线答题、千人投票、千人读诗、千人作画等多种互动方式。此方案解决了以往多人连线技术连线人数少、质量差、场景单一的情况。

经验丰富的制作团队提供灵活的定制选项，为千人连线定制化设计美术效果，以满足节目的特定要求。开发团队和技术团队为连线质量提供保障，根据节目互动设计提供定制化开发互动模式。该方案适用于各类大型文化社科类节目、综艺类节目。其技术亮点：全媒体数据类型实时接入，低延时高画质用户视频连线，实时用户互动支持，支持多种呈现方式。

b.5G 低延时远程同框服务方案

应用场景：5G 低延时远程同框服务方案将 5G 技术、虚拟植入技术和 AI 抠像技术结合，实现异地同框效果，广泛应用于各类直播、录播节目，此方案可以将无法到现场的嘉宾通过虚拟技术完成现场同框录制，提供低延迟的视频传输和语音通话方案，在嘉宾/主持人无法赶到的情况下实现同框效果。

方案利用 5G 网络的超高速和极低延时特性，确保音视频数据的快速传输和实时性。专业的虚拟引擎为实现效果保驾护航，真正实现高质量的远程同框，方案还支持 VR、XR 等多种节目场景。该方案适用于各类型节目，为节目提供技术亮点和实施便利。技术亮点：5G 传输技术实现低延时高质量音视频传输，支持多种节目呈现方式，远程异地同框虚拟效果，AI 无绿幕抠像。

c. 时空穿梭虚拟互动方案

应用场景：时空穿梭虚拟互动方案通过虚拟技术实现嘉宾在多个场景中来回穿梭的效果，支持虚拟场景穿越到视频、视频穿越到视频、视频穿越到虚拟场景、虚拟场景穿越到虚拟场景多种形式，穿越效果无缝衔接，为节目内容策划创意提供技术支持。在创意层面可拓展空间大，如时间穿越、地理位置穿越、虚实穿越等，可根据节目策划制作定制化的虚拟场景，为节目提供技术亮点和内容创意。技术亮点：定制化虚拟场景；虚拟技术支持创意策划，创景穿越效果。

d. 智能生产 2.0——基础视频及声音

针对最新的虚拟主持人素材制作，边老师介绍了 AI 口型生成技术，并对目前技术效果进行对比。

	费用	效果	操作难易度
D-ID	可以免费体验，若要使用完整功能需要付费，无法消除水印	D-ID 技术可能在一些特定场景下效果不够自然	需要更多的前期准备和处理
HeyGen	需要付费使用，消除水印需要付费	HeyGen 技术效果更加自然和准确	能够提供更加友好的界面和交互，使得用户更容易操作和使用，有较高的灵活性
SadTalker	完全免费，无水印	SadTalker 效果取决于模型的训练和数据集的质量	作为插件形式，SadTalker 较易于集成到现有的3D建模软件中，更方便使用

在此次调研中，感受到央视与时俱进，在节目制作领域拥抱尖端科技，进行数字化、智能化转型的决心和步伐。

（二）问卷调查内容及结果统计

问卷对象为参与此项目的学生，均在18—25岁年龄段，共30人。现将部分问卷调查结果统计分析如下：

第2题：您关于科技赋能北京文旅创作的相关知识主要通过何种途径获取？

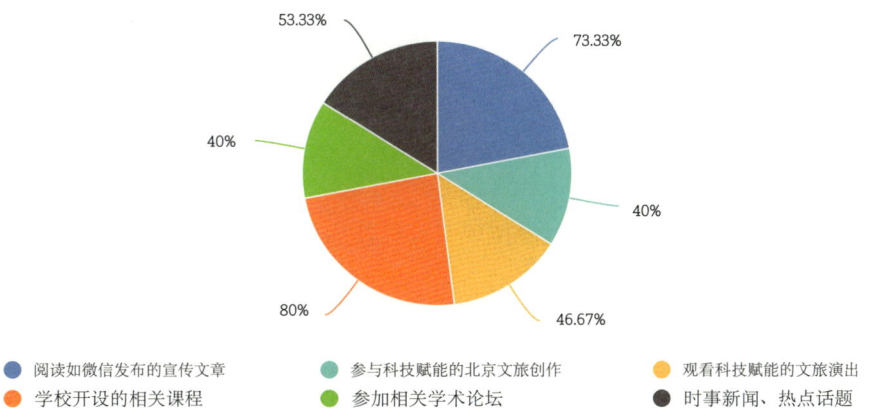

统计表明：学生主要通过微信文章和学校的课程获得相关知识。

第3题：您认为在科技赋能的北京文旅创作中还存在哪些问题？

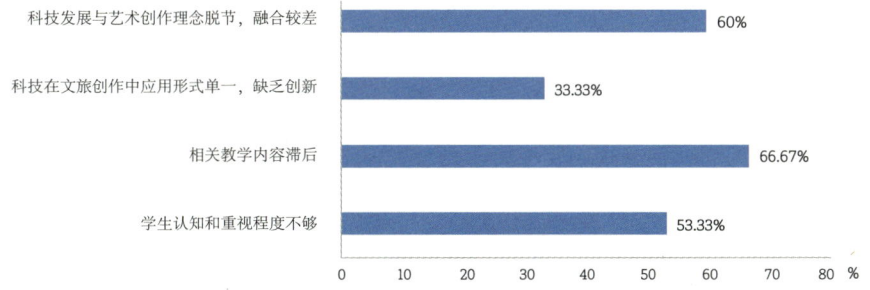

选择"相关教学内容滞后"的多达66.67%，选择"科技发展与艺术创作理念脱节，融合较差"的达60%。

第 4 题：文旅中科技的应用是否增加了您的观看体验？

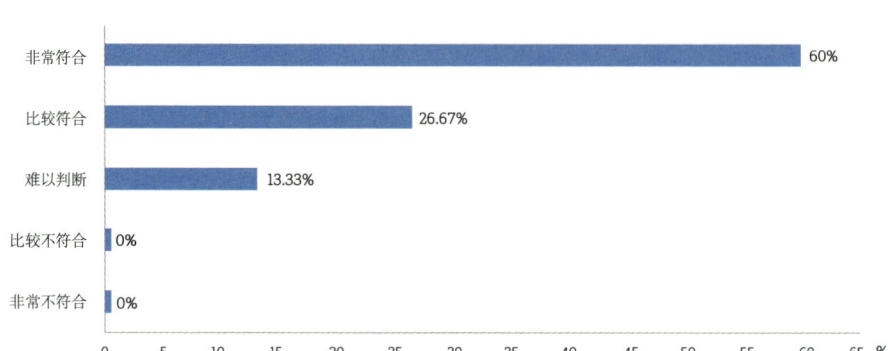

这表明：同学们在体验过虚拟现实等科技后还是比较认同科技对文旅积极影响的，"非常符合"占 60%。

第 5 题：您认为加强科技和北京文旅的结合的必要程度是？

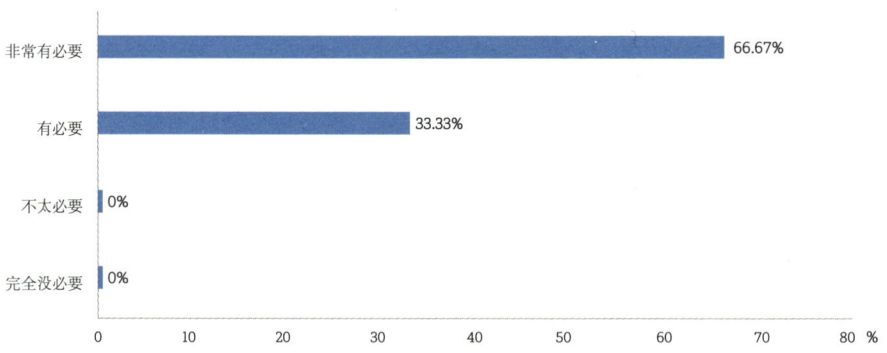

统计表明：所有同学都认为"有必要""非常有必要"。

第6题：您对于当下科技赋能北京文旅的感受是？

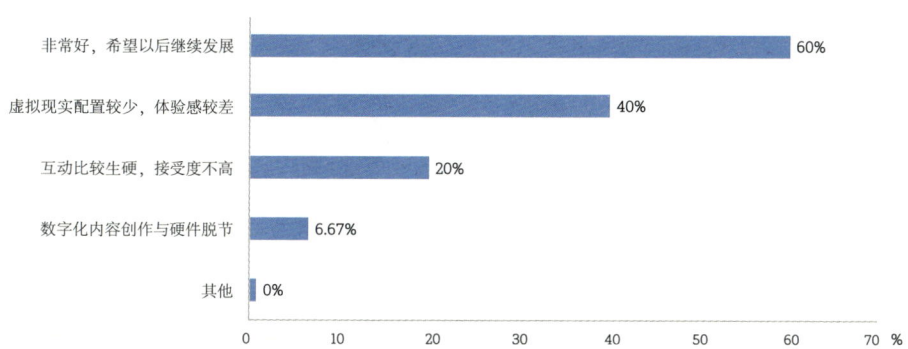

统计表明：有60%的同学有积极的体验，认为非常好，也有40%的同学接受程度不高，认同所存在的问题。

第7题：您认为当前科技技术应用于北京文旅所存在的问题是？

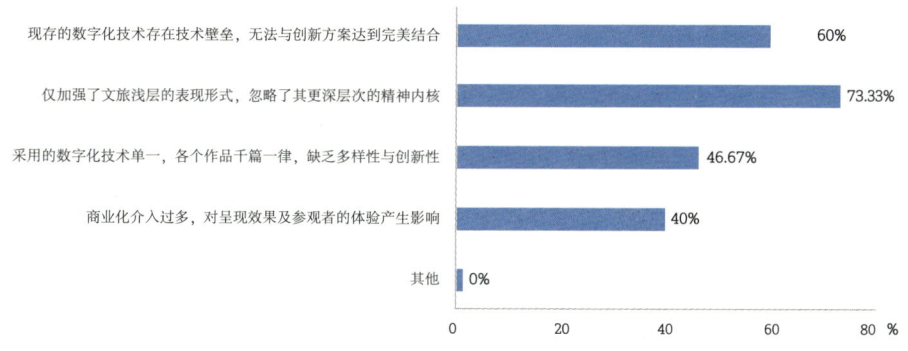

统计表明：认为当前科技技术应用于北京文旅"仅加强文旅浅层的表现形式，忽略了其更深层次的精神内核"的多达73.33%。

第 9 题：目前学校的课程是否能满足这类文旅创作所需？

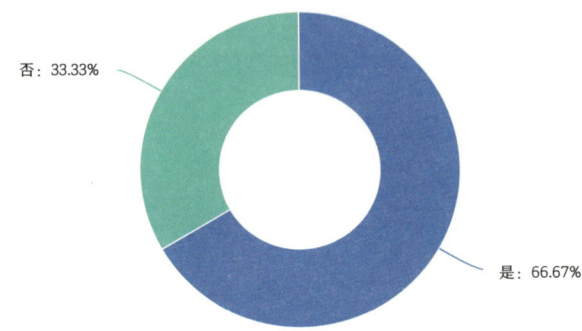

统计表明：选择"否"的同学有 33.33%，约占 1/3，且以本科生为主。

第 10 题：是否有必要通过校企合作模式使教学与时俱进？

统计表明：所有的同学都选"是"，认为"非常有必要"。

三、主要结论

（一）我国已走进科技文旅新时代，科技创新不仅仅是数字化的创新，还包括装备技术的更新和资源、生态环境保护技术的创新，以及内容和表现方式的创新。北京科技与文旅结合的发展取得令人瞩目的成绩，已走进科技文旅新时代，但还存在发展空间，"科艺融合"的问题亟待研究，如艺术创作理念跟不上科技的发展，造成文旅作品过分注重技术表层，忽略精神层面。这有待于校企合作共同努力。

（二）这次对北京优秀文旅科技公司进行实地调研，激发了同学们的学习热情，有助于学生从数字舞蹈、数字舞美等角度了解依托北京文化将舞蹈与科技相结合的现状，探讨其融合的方法，有助于提升他们跨学科、跨平台的创作能力。同学们也表示：这次体验令他们大开眼界，对科技在文旅创作中应用的潜力以及文旅创作形态的新变化有了新认识。这是一次难得的学习机会，将会为未来的职业生涯积累宝贵的经验和知识。

（三）从活动的效果、学生的接受程度来看，研究生明显优于本科生。研究生对这类活动具有更高的需求和迫切感，甚至能立刻与企业开展科研创作方面的合作，而部分本科生感觉距离自己太远，无从下手，甚至对自己的就业前景产生悲观情绪，这与他们获取相关信息渠道单一有关，也说明他们的部分课程存在着相对行业发展滞后的问题。我们艺术院校的有关课程教学必须不断改革，使知识体系和内容与时俱进，使艺术院校的教育能够满足社会、行业发展的需要，跟上时代的发展。

（四）就教学方式而言，组织学生到企业实地参观学习，沉浸式教学效果明显优于请专家到学校讲课；学生实地考察、实操，亲身体验效果明显优于 PPT 为主的理论讲解。

（五）对艺术类院校而言，开展数字时代科技赋能北京文旅创作社会调查，进行产学研融合非常必要，有助于学生提升跨学科、跨平台的创作能力。

四、政策建议

为了促进文化数智双赋能北京文旅行业发展，建设北京历史文化名城保护与文化传承的协同创新高地，扩大北京文旅的海外影响力，依据本调研成果及结论，提出下列建议：

（一）有必要在艺术类院校通过跨学科建设开设"艺术与科技"方向的相关课程，拓展艺术类学生的知识结构，了解科技发展的最新动态，使其具有更广阔的就业前景。

（二）有必要与文旅行业领军科技企业进行多种形式的校企合作，通过产学研打通壁垒，使艺术类学生走出象牙塔，真正了解社会和行业发展的需要，促进教学体系和内容的与时俱进，不断更新。

（三）校企合作，组织学生到企业实地参观学习，这种沉浸式学习模式与校内课程有机结合，不仅能获得更好的教学效果，而且能够从客观上解决艺术类高校硬件设备采购跟不上科技更新速度的问题，减轻了学校相关实验室的建设、运营压力。

附录：科技赋能北京文旅创作调查问卷

1. 您的年龄段？

A.18—25；B.26—30；C.31—40；D.41—50

2. 您关于科技赋能北京文旅创作的相关知识主要通过何种途径获取？（多选题）

  A.阅读如微信发布的宣传文章

  B.参与科技赋能的北京文旅创作

  C.观看科技赋能的文旅演出

  D.学校开设相关课程

  E.参加相关学术论坛

  F.时事新闻、热点话题

3. 您认为在科技赋能的北京文旅创作中还存在哪些问题？（多选题）

  A.科技发展与艺术创作理念脱节，融合较差

  B.科技在文旅创作中应用形式单一，缺乏新意

  C.相关教学内容滞后

D. 学生认知和重视程度不够

4. 您认为文旅中科技的应用是否增加了您的观看体验？

A. 非常符合

B. 比较符合

C. 难以判断

D. 比较不符合

E. 非常不符合

5. 您认为加强科技和北京文旅的结合的必要程度是？

A. 非常有必要

B. 有必要

C. 不太必要

D. 完全没必要

6. 您对于当下科技赋能北京文旅的感受是？（多选题）

A. 非常好，希望以后继续发展

B. 虚拟现实配置较少，体验感较差

C. 互动比较生硬，接受度不高

D. 数字化内容创作与硬件脱节

E. 其他

7. 您认为当前科技应用于北京文旅所存在的问题是？（多选题）

A. 现存的数字化技术存在技术壁垒，无法与创新方案达到完美结合

B. 仅加强文旅浅层的表现形式，忽略了其更深层次的精神内核

C. 采用的数字化技术单一，各个作品千篇一律，缺乏多样性与创新性

D. 商业化介入过多，对呈现效果及参观者的体验产生影响

E. 其他

8. 在您参与的北京文旅创作中,有哪些项目运用了这些公司的科技成果?

9. 目前学校的课程是否能满足这类文旅创作所需?

A. 是; B. 否

10. 是否有必要通过校企合作模式使教学与时俱进?

A. 是; B. 否

11. 您认为艺术类院校开设哪些课程能够更好地进行科技赋能文旅创作?采取哪种形式的研学模式?

舞剧侧光光位的运用思考

时铭涵

以镜框舞台为例,侧光是指从侧方位投向舞台的光位,在舞剧中,地面流动光、吊笼光、吊杆高侧光都属于侧光。在专业学习过程中,老师或前辈常常这样说:"如果用一只灯做一台戏,这只灯在不同戏剧种类中应该怎么用?""在话剧中应该用在耳光上,在歌剧中应该用在逆光上,在戏曲中应该用在面光上,在舞剧中应该用在侧光上。"虽然无据可查这种说法从何时开始,何人所说,但就舞剧而言,这大概就是说舞蹈演出中侧光的地位是不可取代的,当然也不绝对,毕竟用一只灯做一台戏的机会不多,但确实道出了不同戏剧种类在用光上的一般规律和不同侧重。众所周知,舞剧主要依靠肢体语言表情达意,而在舞台上最能突出肢体的光位就是侧光,所以,侧光光位在舞剧中作为最常规、最重要的光位存在是没有争议的。同样,侧光的使用频率也非常地高,不同光位的侧光有着不同的效果和用法,使用技巧也是值得研究的一个重要问题。

一、地面流动光

地面流动光(简称"地流光")位于前后两道侧幕条之间的落地目字形灯架上,上下场口分置,上下两层,俗称高流和低流,是舞剧演出中使用非常频繁的光位,也是呈现层次非常理想的光位。地面流动多安装26度或36

度成像灯或切割电脑灯，用切片将舞台台面与其他不需要的光斑切掉，保证没有多余的野光出现，形成上下场口对穿而不投射到舞台台面和侧幕上的干净整洁的灯光造型。实现舞台上没有演员则看不到光的存在，演员上场则侧面轮廓明显，是塑造舞蹈肢体的理想光位，操作简单便捷但效果非常突出，可以配合其他光位呈现出丰富的变化层次。

在舞剧中，地流光有几个常见的用法，理清各个光位的普遍用法和作用，对提高设计者用光的精练水平很有益处。

（一）用作启光层次的塑造

如舞蹈演员上场前，先铺射淡淡的地流光，演员迎着地流光上场，既保证了演员身上有光，舞台地面也是干净的，同时也没有破坏演员的神秘感，因为地流光不会投在观众视角的正面，可以呈现出只现肢体不现脸的视觉效果。接下来，随着音乐和舞蹈调度的铺排，再逐层启逆光、环境光、面光等。（图1）也可根据演员的出场位置，选择性开启某一道地流光，再依次增加，以此来拆分启光的步骤，使层次更加丰富。

（二）用作灯光前后变化的衔接

如在宏大的场面光中，可随着音乐或舞蹈的舒缓转换到地流光效果，也可随着音乐或舞蹈的"扩张"转换到地流光效果，找到合适的"气口"是呈现这一变化的关键。作为过渡和衔接，地流光是非常有效的光位，它可以简单高效且合理地呈现强烈的视觉反差，以达到灯光效果的"大动作""大动静"（图2）；同时，也为下一轮的灯光效果变化或下一个宏大场面光的出现储备好可调度的灯具。在若干灯位中，地流光用作前后衔接，是实现光位"减法"使用技巧最有效、合理的方法之一，也是避免灯光效果平淡、变

图1　舞剧《秋菊传奇》

图2　舞剧《女书》

化落差小和提高变化幅度、调节视觉疲劳的有效方法。

(三)用作局部或"对穿"演员的面光

在舞剧创作中,横向调度是最常见的演员行动。如演员在舞台上呈现横排表演、左右移动,或呈现穿梭于舞台上下场之间的追逐,或呈现相向而行的不同空间,演员所在空间上的地流光可以作为演员面光使用,没有高差角度的平行面光会产生一种"陌生化"的效果,且地流光不上舞台地面,对缩小和控制光区,不破坏舞台地面的整体性很有帮助。(图3)

图3 舞剧《冬古拉玛情》

二、吊笼侧光

吊笼侧光（简称"吊笼光"）作为剧场的常规灯位，是最重要的剧场固定侧光，常常作为塑造舞蹈的主光源，在舞剧创作中承担着非常重要的造型作用。吊笼光位于侧幕外侧的两侧幕之间，通常可以上下和前后移动，上下场口每侧三个或以上，三到五层，高度在地流之上吊杆之下，也可按照设计者的要求呈现不同的高度。在舞剧创作中，吊笼安装的灯具种类多变，传统中以装 PAR 灯或回光灯再配备换色器为多，目前多配置图案电脑灯、染色电脑灯或 LED 摇头染色灯，也可混搭着配装。吊笼光是塑造演员肢体和投射有方向感造型光的有效光位，与地面流动光的区别在于，它投射角度偏高，且光斑是落在舞台地面上的，因此也有一定的染色和塑造环境的作用。

在舞剧中，吊笼光的作用非常重要，使用频率高，灵活多变，与地流光的作用有相似之处，也有其自身独特的使用技巧。

（一）作为特定角度和方向的主光源使用

吊笼光在舞剧中常做主光源使用，由于其位于舞台侧面且高度偏低，因此，当光洒在舞台上时会有明显的角度和方向感，特别是呈现硬光质时，有强烈的造型感。

在舞台上，交代演剧时间，营造清晨或傍晚的自然环境时会用到吊笼光。清晨或傍晚的自然光光线角度偏低，清晨太阳刚刚露出地面，随着时间的推移慢慢升高；傍晚太阳即将落山，越来越低，直至消失在地平线。一天当中的这两个时间段，太阳光与地面的夹角小于 90 度，在舞台上与吊笼光的位置正好吻合，所以，在塑造清晨和傍晚的阳光时，吊笼光是最佳的选择，尤其是描绘性的场景塑造，舞台上要求严格按照自然光的规律模拟再现。如早晨迎着阳光操练的解放区场面（图4），首先根据剧场方位选择太阳升起的方向，再用此方向的吊笼光以光幕的形象投出，舞台上拖着长长的人影，光的方向性很强，就像是刚刚升起的金灿灿的太阳洒在舞台上一样。

在舞台上营造门、窗、路灯等从侧方位投射的光线时，方向性较强的吊笼光依然是最佳选择。想象中，舞蹈演员面朝舞台侧面，一束阳光透过臆想中的哥特式梅花窗或舞台上真正存在的道具窗，缓缓铺开，照在演员的脸上、身上……这样"方向性"明确的光在舞剧演出中具有点睛、提气和"指引"的作用，它为演员的表演提供动作支点，也为观众的观演提供视觉认同的支点。舞蹈演出中有大量的水平调度、垂直调度、对角线调度，无论单人、双人、三人还是群舞，当出现这种大范围调度时，我们总希望演员是迎着光进行表演的，演员的前方总是有"方向性"很强的侧光，像是一根"牵线"指引着演员的运动路径，让动作在视觉上合乎情理。（图5）

图4　舞剧《秋菊传奇》

图5 歌舞剧《永不褪色的红军被》

（二）作为辅助光使用

吊笼光作为辅助光时，往往配合对向的吊笼光、高侧逆光或大场面光使用。两侧吊笼配合使用时，如果一侧是主光源，另一侧常常作为主光源光色的补色出现，通过补色关系加强对比，增强人物或布景的体积感；也可以做亮度上或同色系的差异调整，以符合视觉上的主副关系。吊笼光作为侧光有增强轮廓的功能，但长时间或惯性地将两侧吊笼光做同化使用，也会因对称、缺乏对比而造成画面平淡、造型感弱的现象。（图6）在大场面光中，吊笼光作为辅助光有调节舞台画面色彩冷暖和强化轮廓的作用。当舞台上出现逆光渲染的大面积环境色时，常常会出现色彩过于单一或过冷、过暖的现象，这种情况下，吊笼光作为辅助光，可以用来调节舞台上的色彩关系，使之达到某种平衡，丰富色彩关系。当舞台上的人物或布景被整体的色光包裹、"吞掉"，难以从浓郁的环境光中脱离出来时，可以通过吊笼光人为地制造色差，做主观处理，加强侧光轮廓的对比，使人物或布景利用清晰的轮廓光从场面光中突出出来。（图7）

图6 歌舞剧《永不褪色的红军被》

图7 舞剧《永远的马头琴》

（三）作为环境染色使用

除了逆光之外，对舞剧空间进行大面积的染色，吊笼光是最有效的光位之一。尤其是在需要单方向染色、舞台"半场"染色、舞台上下半场各自染色、侧幕装置染色或局部染色时，吊笼光更能凸显其不可替代的特殊作用。（图8）

舞剧的场面染色和局部调度染色是富有节奏且灵活多变的。不同的演员调度、不同的心理变化、不同的音乐节奏、不同的动作张力可能都需要环境染色，甚至舞蹈技术上的衔接和过渡都需要色彩的变化为动作流动提供合理的视觉呼应。所以，环境染色在舞剧中可能是随时随地的、最频繁的动态效果，而吊笼光则提供了除逆光以外的其他环境染色效果，丰富了染色的单一形态，有效地缓解了由单调造成的视觉疲劳。吊笼光染色作为侧光染

图8 舞剧《秋菊传奇》

图9 舞剧《永远的马头琴》

色,从视觉上更加神秘和灵巧,没有逆光的刻板和直白,特别是在局部染色或单条侧幕通道间染色时,更能凸显其灵活性和可控性。(图9)

(四)吊笼光的常用对光技巧

在舞剧创作中,吊笼光有几个作为舞蹈空间塑造的常用对光技巧。同一光位不同对光方法的使用极大地丰富了光位使用的灵活性和复杂性,这也是传统中不可"摇头"的PAR灯或回光灯所不能比拟的。

吊笼光的投射角度可以在两个侧幕缝隙之间前后移动,原则是光斑避开底幕方向的侧幕和光斑不被台口方向的侧幕挡住。水平对光(图10左图)呈现对穿效果,属于正侧光,对舞蹈演员的肢体轮廓有很好的塑造作用;光

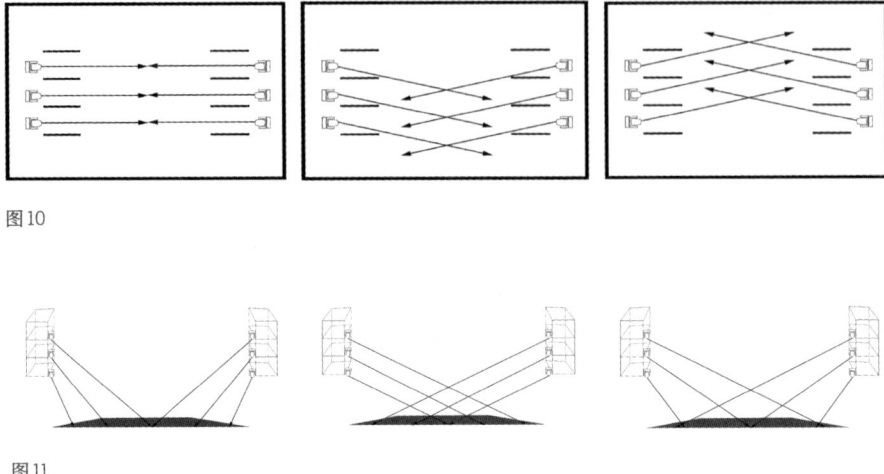

图10

图11

线向台口方向偏移对光（图10中图），身体的轮廓呈现更粗的边缘，像肩膀和头顶等都会呈现轮廓光效果，由于此角度光线的反射光偏向观众席，所以观众视觉的光感会更强烈，同时也会出现更多的"野光"，这种对光角度属于侧逆光；光线向台口反方向偏移对光（图10右图），光从斜前方投射，会出现侧面光的效果，身体除了观众视角的正面之外都会被照亮，而侧幕也会被"野光"照亮，对向侧幕也会由于光线反射角度问题被照明，这属于侧面光。

除了横向的前后移动外，吊笼光与舞台地面的角度不同，光效也会产生很大差异。光线投射在各自所处的舞台半场（图11左图），光线交叉较少，光斑透视较小，对于控制光区和局部环境塑造很有帮助，但需要注意的是如果用此投射角度光线铺满舞台，被照物只在单侧有光；光线投射在对向所处的舞台半场（图11中图），可以投射出舞剧中常出现的两个半场色彩完全不同的场景，作为主光源和辅助光使用，通过对色彩和照度的控制加强对比和体积感也是常见用法之一；单侧吊笼铺满舞台（图11右图），光线完全交叉重叠，作为染色使用，光线更均匀柔和，单侧使用易出现方向感较强的场面光。在实践中，使用何种对光方法，取决于设计师对不同光效的选择，可使用单一对光光位，也可使用混合的对光光位，当然也会因为特殊情景的出现而呈现新颖的非常规用法。不同对光技巧各有所长，设计师需要在实践中观察光效的差别，更好地服务于设计构思和舞台效果，让众多投射角度的光线出现在最合适的位置上。

（五）与同为舞剧侧光的地流光比较

吊笼光与地流光都是舞剧中非常重要的光位，它们是来自同一方向不同高度的侧光，对舞蹈的肢体、轮廓都有着不可替代的塑造作用。吊笼光和地流光一样，能够丰富启光层次、衔接光效前后变化、为演员横向调度提供局部面光。通常情况下，吊笼光由于角度问题，无法做到将光投射在演员身上的同时，使舞台地面保持干净不上光。也正是因为吊笼光的光斑会落在舞台上的原因，成就了地流光不可能完成的、作为环境染色灵活有效的光位。由于吊笼光具有一定的空间高度，它还可以用来塑造三维布景的空间形态，增强布景的立体感、突出布景肌理。

在舞剧创作中，可以被当作舞剧侧光使用的光位还有高侧逆光、桥光、柱光等，使用技巧和方法与地流光和吊笼光基本相似，在此不作赘述。实际创作中，情形千奇百态，有很多普遍规律之外的巧妙用法，本文一定存在挂一漏万的情况，在此只是梳理一些基本的使用经验，仅希望能为年轻和经验贫乏的设计师在舞剧侧光使用方面提供一些可探讨的思路与方法，供大家讨论指正！

原创舞台剧《影·响》灯光设计分析

周津羽

舞台剧《影·响》由北京晏语文化有限公司、杭州话剧艺术中心出品制作，北京睿艺文化传播有限公司、北京行舞坊文化艺术有限公司联合制作。该剧的剧作构思来自舞蹈家李响与戏剧导演王迪的一次关于现实生活和网络世界之间矛盾与冲突的对话，李响困惑于无论是在现实生活里还是网络世界中，人们总喜欢"贴标签"，这种简单直白的行为时常会导致对事物的理解片面化，容易把真实埋藏在标签之后。于是，他们就构思出在未来世界中，将这种标签化行为夸张处理，直接成为职场中所谓的客观评分系统，尝试用这种看似符合准则的评分系统来决定员工的去留以及职位的升降，探讨人类社会将走向何处。本文将从设计之初的剧本讨论、灯光设计构思、灯光设计实施三个方面来分析舞台剧《影·响》的创作过程。

一、剧本讨论

剧本讨论在戏剧创作中有着非常重要的意义，经典剧本的讨论主要是为了统一主创团队的创作风格和大家对于戏的理解维度的目标一致性。对于《影·响》这部原创剧作剧本，讨论更多的是为了提升剧本的质量，通过集思广益使剧本更完善、更具合理性，同时在讨论过程中大家的想法和建议可以激发出创作的思路和方向。编剧梅生与导演王迪构建出了剧本的大部分框架与内容，该剧把时空设定在未来世界的职场，人类的姓名被"性别+代号"取代，人类的事业与情感走向，以及与社会的关系统统都被智能系统的评分决定，评分影响着人的方方面面，在追求评分的过程中，有的人不择手段获得高评分，有的人随波逐流任由评分系统摆布，人类逐渐把自己异化成为外在形象看起来统一的完美机器，而由人类研发出的虚拟程序"影"却反其道而行之，经过迭代与更新，"影"越来越具有人性的温度，由此形成了追求完美评分的"统一"人类与日渐具有人性的虚拟程序"影"之间的对比，以此探讨当下年轻人普遍的生存状态、情感模式与心理现状。

当代舞台设计已经成了整个戏剧空间的组织者[①]，舞台设计的风格走向决定了一部戏的视觉导向。因为是原创剧本，所以在剧本讨论阶段，导演、编剧、舞美设计、灯光设计、服装设计等并没有"各司其职"，而是主创们根据对剧本的感受给出了各自关于视觉方面的建议。科技感、未来、职场、虚拟空间等关键词是大家讨论的主要方向，根据剧本提示，主要涉及的环境分为室内和室外两部分，室内部分包括未来世界的办公场所、高层的办公区、新闻发布会、宿舍等，室外环境包括天台和街区等。在满足组织动作空间的前提下，需要设定舞美的风格，由于当代舞美的审美取向更加偏向于多种风格的综合呈现，因此本剧舞美设计运用了构成主义和现实主义相结合的形式。舞台布景以横、竖方向的条屏交错构成，运用横竖构图来切割舞台画面，配合具有未来风格的桌椅等道具，展现未来空间的风格化的同时也满足了不同场次之间戏剧空间的需要。条屏式布景在《影·响》中可以营造出未来感、神秘感的舞台空间，适合场景之间的快速转变，为多媒体预留了投射载体，同时留给灯光很大的表现空间。

---

① 参见胡佐《舞台设计》，上海人民美术出版社2018年版。

二、灯光设计构思

　　灯光设计是舞台美术的重要组成部分，经常会被形容为"舞台的灵魂"。舞台剧《影·响》的灯光设计过程主要分为三步来进行。首先，依据初读剧本的感受来查找相对应的灵感素材，用来作为灯光设计的一部分参考，这一过程是将文字性的剧本进行视觉化转换的灵感启发；其次，根据观看排练情况进行灯光设计的案头工作，这一步是由广泛的艺术范畴回归到具体剧目的灯光设计方案的构思；最后，根据灯光设计的案头思考以及灯光预算来进行灯光设备的选用，这一步是设计方案能否得到有效实施的技术保障，同时也是最终舞台呈现效果的现实依据。

　　初读剧本的感受是一种非常个人化的体验，每个人在读剧本时会产生不同的感受和想法。因此，如何把这种个人化的感受和朦胧的想法视觉化就显得尤为重要。在读完《影·响》的剧本后，艺术家安东尼·麦考尔的作品就浮现在我的脑海中，他的作品《描述锥体的线条》运用投射光在三维空间中组成体积形状并在空间中缓慢演变，麦考尔的作品极具戏剧性，以简单、生动的线描为前提，描绘出简单的几何线性形状，光线以这些形式投射出来，突出了光束本身的雕塑感，在阴暗、充满烟雾的房间里，投射出的光束可以创造出高度虚幻的三维形状、椭圆、正方形和平面，并逐渐扩大、收缩，从而增强了光线带来的艺术效果。《影·响》剧本给我的感受正是由一些几何形体为未来的职场人带来各种各样的限制，也就是人被规则限制。在剧中提到的"实习期"阶段，实习者并不知道规则的界限，懵懵懂懂地就被评分系统选中或被淘汰；在"高层期"，看似已经得心应手的职场人还是会被更高的机制限制；剧中的灵魂人物"影"由人类设定的框架而产生的虚拟程序，这个本来最应该生活在限制内的虚拟人物，反而通过觉醒的方式突破了人类的限制,获得了某种自由。限制是这个剧本给我带来的感受之一,而安东尼·麦考尔的作品在视觉上为这部剧注入了灵感。戏剧剧本会传达很多的内容和内涵,但作为舞台灯光设计师,需要抓住最打动个人的感受,并试图运用视觉手段来呈现这种感受,寻找能够激发灵感来源的视觉图像是一种行之有效的途径。

  灯光设计在某种程度上应该是从观看排练厅的排练真正开始的,在这之前,剧本带来的感受更多是模糊的视觉概念,观看导演的排练现场则是创作的具体依据。我们知道剧本的文本体式属于代言体,编剧假托剧中人物的口吻进行表达,导演是在剧本基础之上进行的二度创作,把原本的剧本赋予舞台特征,简单来说就是演员按导演的意图把剧本演出来。因此,通过排练现场可以看到导演对于这部剧的处理方式,结合舞台设计提供的代用景,可以相对明确地看到演员的调度和必要的支点,根据演员的表演可以感受到每一场戏的情绪,这不再是朦胧的艺术感觉,而是可以找到明确的设计抓手。例如,"实习期"这场戏中,演员会推着桌子组成不同的阵列以代表三段"实习期"的戏份,每一段"实习期"都会有人被淘汰,在剧情上三段实习期是递进关系,人物的内心也随着这三段实习期的考核发生了改变,剧中人物不再是懵懂的职场小白,而是具有创新精神的职场新势力,因此在灯光设计上采用了三角形、正方形、五边形的光区变化来表现人物内心的成长,同时也暗示了虽然职务在上升,但边界和限制却越来越多了。从导演的角度上来看,演出构思只有通过演员才能体现出来[①],灯光设计作为再度创作的艺术形式离不开演员的表演,也离不开舞台设计提供的空间,虽然灯光设计也是表演的参与者,但在这部戏中,没有演员的表演和舞美的调度,就无

---

① 参见格·尼·古里耶夫《导演学引论》,王爱民等译,中央戏剧学院编印,内部资料,1956年。

从谈起灯光设计，再绚丽的灯光也只是浮于表面的炫技。

舞台灯光的技术进步就像是点石成金的魔棒，能赋予舞台以灵性和生命！同样，也像潘多拉的魔盒，能给舞台带来"灾难"。[①] 的确如此，技术的进步让灯光设计可以调用的资源变得多样，所面临的灯具的选择也是花样繁多，出资方不可能不计成本地提供设备支持，因此，在保证设计效果的同时如何选择合适的灯具也是灯光设计的重要任务之一。

在舞台剧《影·响》中，灯具的主要选择依据为灯光设计理念和预算。变化丰富的舞台空间、带有情绪的舞台环境、演区的塑造、演员表演的气氛烘托、观众的视觉引导等等都使灯具的选择有了依据，考虑到需要频繁地巡演，灯具的种类主要以带有切割、染色、光束三合一的电脑灯为主，由于预算的限制，配合租金较低的 LED 染色灯和成像灯来对舞台进行染色处理和流动切割。舞台灯光设计需要设计师充分理解舞台表演的需求，并通过合理选择灯具来达到这种需求，以呈现出最佳的舞台视觉效果。

三、灯光设计实施

首演的顺利完成可以视为灯光设计的阶段性成功，剧本的讨论、灯光设计的案头工作都是以演出为最终目的。装台、合光、技术合成、彩排、首演一系列的工作都代表着戏剧创作进入了最后一个阶段——进剧场，这不再是单一兵种的单独作战，而是舞台上各个部门的协同合作。与舞台设计师沟通剧场吊杆的使用分布是灯光设计实施的重要环节，剧场所提供的灯杆

[①] 伊天夫：《"创造自由的照明空间"的理念与探索——金长烈教授戏剧舞台灯光理论研究》，《戏剧艺术》2018年第3期。

在很大程度上不能够满足灯光设计的需求，因此需要根据舞美设计的吊杆使用情况共同商议吊杆的分配，使得灯具在最佳灯位发挥理想的灯光效果。在灯光设计实施阶段，剧目的巡演需要也是要充分考虑的，由于不同剧场的实际吊杆情况和舞台设计的现场调整导致灯位不能完全按照案头阶段实施，因此在合光完成后要准确记录灯光的实际灯位，确定一个适合不同剧场的灯位图标准，让灯光技术人员在灯光设计师不在场的情况下也能迅速地完成装台和微调灯光 CUE，以便巡演过程中各个剧场的灯光效果能维持在同一水平。在合成过程中，灯光与多媒体的配合可以创造出更加丰富、引人入胜的视觉体验。戏剧演出所用的多媒体一般是指投影，控制舞台灯光避免直接照射在投影投射的画面上是两者配合的基础，往往需要二者在颜色渲染上相互能有所呼应，以达到舞台画面的统一性，因此，在与多媒体共同营造舞台气氛时，灯光的"留黑"是很有必要的。

通过对舞台剧《影·响》的灯光设计进行分析可以发现，灯光设计需要设计师具有一定的文学鉴赏力，能够把握住剧本的主题思想，同时能够根据剧本主题思想为灯光设计进行构思。通过与导演的沟通与观看演员排练，能够更加具体地完成灯光设计的案头工作。结合剧场的实际技术情况，通过与舞台设计、服装设计、多媒体设计、音响设计等通力合作，合理地运用灯光去塑造人物形象、丰富舞台氛围，构建一个戏剧世界，使观众得以全身心投入戏剧情节之中。

大型民族歌剧《蔡文姬》的灯光设计与灯具运用分析

白文国

引言

大型民族歌剧《蔡文姬》以东汉末年的历史变迁为时代背景,围绕"文姬归汉"这一历史事件展开叙述,以蔡文姬的绝世才华与具有强烈悲剧色彩的人生为主线,深刻揭示战争给人民带来的极大痛苦,展现和抒发蔡文姬流落异乡、思念中原、期待和平的强烈愿望。通过一代才女蔡文姬与匈奴左贤王的爱情演绎,反映了中国各民族渴望和平、和睦相处、守望相助的迫切愿望。

该剧的舞美、灯光设计历史感厚重,民族风格浓郁,在舞台呈现上运用了视频、投影技术与舞美布景、灯光效果有机融合,生动描绘了草原匈奴民族以及汉代时期的各民族特色。歌剧《蔡文姬》突破了以往只用LED灯具做逆光效果,采用了全方位的LED光源舞台功能灯具做艺术照明,保障了歌剧《蔡文姬》演出时灯光色温与录制呈现的一致性,解决了传统卤钨光源灯具与多媒体在色温、光比等技术处理上难以融合的问题。LED灯具的智能色彩管理系统,为《蔡文姬》的舞台效果呈现提供了色彩保障和便捷操作。在此,就歌剧《蔡文姬》的舞美灯光设计中充分运用LED光源灯具进行艺术创作提出作者的见解以供参考。

一、灯光设计构思

舞台灯光是舞台美术的一个部分，灯光的设计要依据剧本的内容、导演总体构思、剧目样式与表演风格、舞美造型的总体设想等进行构思。戏剧艺术是以演员的表演为中心的综合艺术，通过塑造人物形象来表达剧本的主题思想，所以舞台灯光应该把人物造型放在首位，强化演员的外部造型和动作，揭示人物性格和内心情感，展现人物的幻觉或意念作用。

舞台布光首先要符合戏剧照明的原则——主、辅、逆配光要素，使观众清晰地看见舞台上演员的表演和景物；一部剧的演出，灯光效果的好坏，除了灯光设计的能力以外，与灯具功能的选择有很大的关系，高品质的灯具能够完全体现设计师的创意。因此，作为灯光设计，在歌剧《蔡文姬》的设计构思上着重考虑了现场演出效果与电视录像对光的不同需求，尽可能保证舞台效果与录制效果一致，因此，灯具选择与功能配置就显得尤其重要。

二、对面光照明用 LED 白光灯具的选择分析

以往剧场的面光一般为 2kW 的传统卤钨光源聚光灯，这种灯具线性调光平滑稳定，适合演出中渐明渐暗的效果要求，但同时存在着耗能高、发光效率低、使用寿命短、色温偏低、随着亮度调整色温变化较大等问题，这样的灯具对歌剧《蔡文姬》演出中多媒体的结合与现场录像非常不利。因此，灯光设计在本剧的面光照明中，选择了大功率 LED 白光成像灯和聚光灯。

（一）卤钨光源舞台灯具和 LED 光源舞台灯具的常规比较分析

表 1：采用这款光源设计的是 LED 螺纹聚光灯，具备传统卤钨聚光灯

具的全部功能，光斑角调节范围达到 10—80 度，光斑均匀性优于传统卤钨灯具。照度实测数据，聚光状态 10 米远照度达到 2428 lx，超过 2kW 卤钨聚光灯。

表1

名称	2kW 卤钨光源舞台聚光灯	300W LED 光源舞台聚光灯
图片		
光源功率（W）	2000	250
输入电压（V）	220V / 50Hz	190-260VAC / 50Hz
总光通量（1M）	6000	6000
总光效（1M/W）	3	30
显色指数（CRI）	99	90
灯体最高温度	>150℃	<60℃
有效光源寿命（H）	200	20000

表2：300W LED 光源舞台成像灯采用高显色指数大功率圆形 LED 模组作为发光元件，满足专业演出及摄像要求；光学设计中聚光和成像均采用非

球面多层镀膜透镜，光效高，成像清晰，完美实现卤钨成像灯的成像造型需求。

表 2

名称	750W 卤钨光源舞台成像灯	300W LED 光源舞台成像灯
图片		
光源功率（W）	750	250
输入电压（V）	220V / 50Hz	190—260VAC / 50Hz
总光通量（lM）	7000	6000
总光效（lM/W）	9.3	20
显色指数（CRI）	99	92
灯体最高温度	>150℃	<60℃
光源寿命（H）	200	20000

1. LED 光源舞台灯具的色温值与线性调光的优势

LED 光源的色坐标和色温会随驱动电流、结温和使用时间等诸多因素而变化，而在舞台专业应用中，对色温的稳定性要求很高，因此 LED 通常都要求恒流驱动和 PWM（脉宽调制）调光方式，以保证在 LED 调光时的色温（白色）或波长（彩色）不致发生变化。图 1 是 LED 灯具与卤钨灯具调光过程色温变化对比，可以看出 LED 灯具在调光过程中色温非常稳定。

LED 光源具有极高的响应速度，因而微小的电流变化都会产生明显的亮度跳变，采用传统的 256 级调光会带来极大的闪烁感，通过采用类卤钨灯调光控制技术 TLD（Tungsten-Like Dimmer）和高达 65536 级的亮度分辨率以及独特的调光曲线，避免了摄像机拍摄的画面出现频闪现象，保证了 LED 灯具在从完全关闭到 100% 亮度（渐明、渐暗）的过程中无闪烁和跳变现象，达到了传统热光源灯具的调光效果。（图 2）

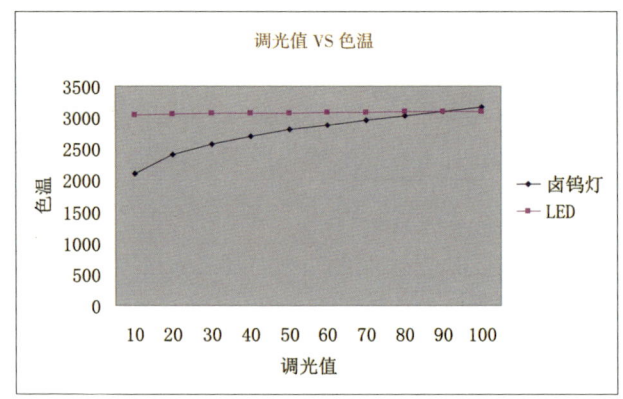

图1　LED 与卤钨灯具调光时色温变化对比

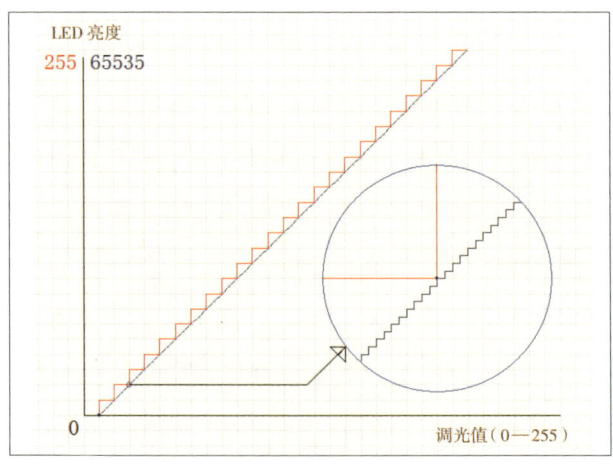

图2　LED 光源舞台灯具线性调光变化

通过以上表1、表2和图1、图2的数据对比，可以看出，LED白光成像灯、聚光灯和传统光源的成像灯、聚光灯相比，具有独到的优越性。

2. 舞台演出与录制画面统一的需要

LED白光灯具在色温统一方面给我们带来了方便条件。在传统的用光上，像歌剧《蔡文姬》的演出，舞台所用的面光、耳光、柱光、顶光和流动灯等，几乎全都是金属卤钨灯，这些灯具色温较低，一般都不超过3000K左右，而作为逆光和景光的大部分灯具用的都是电脑灯、LED par 和 LED 染色灯，它们色温较高，一般在5600K—6000K。这种情况下会造成戏剧舞台演出中色温的不平衡，会使舞台演出的色调不统一，即使白光色调也是如此。在低色温的白光色调中会出现高色温的刺眼的白光，在淡蓝色的梦幻的色调里出现低色温偏黄色的面光，低照度更是如此，都会影响舞台色调和气氛，破坏整体效果。如在歌剧《蔡文姬》中梦回的一场，左贤王战死了，蔡文姬由于过度思念，梦到了左贤王和孩子来看她，由于不是现实时空，舞台基调处理为蓝色调，达到梦幻的非现实的虚拟空间，整个画面笼罩在蓝色调里。（图3）如果面光采用3200K的常规灯具，而且又是压光的情况下，面光会显得比较黄，即使面光加蓝色滤色片，压光后颜色也不纯正。用追光也不能达到理想效果，因为追光反光太严重，天幕会有反射野光，使画面很脏。（采用电脑灯的问题后面会做介绍）用LED白光聚光灯、成像灯做面光就很容易解决这个问题，LED灯在压光的情况下，色温不会发生飘逸，保证了画面色调的统一。

在面光灯采用常规灯的情况下，对现场观众而言影响不大，可是在剧目的录制中就会存在很大问题，这会使演出中舞台效果和录制效果不一致，给工作带来很多麻烦。因为在这种情况下白平衡比较难调，面光、耳光、柱光、顶光、地流灯等白光的色温会随着照度的变化而有所变化。随着戏剧

图3 《蔡文姬》中"梦回"一场

情感的变化和剧情进展，照度会发生变化，色温会飘逸。所以，面光色温不易确定，造成白平衡很不准确。在以往的演出工作中，就经常遇到这类问题。有时摄像师问面光色温是多少，这让灯光设计师很难回答，只能告诉他们不超过3200K。在戏剧演出中，灯光会随矛盾冲突、音乐的变化而变化，灯光的每个变化都会包含多个层次。如在歌剧《蔡文姬》中，灯光的变化有时会先起天幕光，作剪影效果，再起流动、逆光等，层层加光、减光，由于调光使演出环境中色温不稳定。就会造成戏剧舞台效果与录制效果不同。

在戏剧舞台的演出中，解决了色温统一的问题也就基本解决了舞台的白光基调统一问题，也就解决了戏剧舞台演出与录制效果的统一问题。利用 LED 白光灯具做面光、耳光、柱光、顶光、流动灯等，也就解决了色温不统一的问题，解决了面光色温会随照度变化而变化的问题。因为 LED 白光灯的色温在达到结点温度后不会随调光的变化而变化，它的色温相对来说是固定不变的。所以，在大型民族歌剧《蔡文姬》的演出中，正面投光灯具选用的是 LED 白光灯具。

（二）用电脑灯做面光的分析

电脑灯（spot 和 wash）也可以作为面光来解决这些问题，很多灯光设计师都在使用，但电脑灯和 LED 白光灯相比既有优势又有缺点，下面对电脑灯的性能进行分析。

首先，稳定性的问题。电脑灯会随着使用时间的长短稳定性会发生变化，不管是进口电脑灯还是国产电脑灯都存在这个问题，使用的时间越长，它的稳定性就会越差，这可能与电子元件的老化有关。其次，灯具跑位也是一个方面，如果用电脑灯做面光，电脑灯跑位就会造成面光不均匀，本来对光时对得很匀，光区分明（表演区与非表演区），灯光跑位后就完全不同了，该亮的地方不亮，该暗的地方不暗，会事与愿违，与设计中的舞台气氛截然不同。

电脑灯的过热保护、自动灭泡也是一个很重要的问题。很多电脑灯、包括进口电脑灯都存在不同程度的灭泡，这些问题可能与灯具散热、元件老化损坏、通风堵塞、缺乏保养有关，这都会给灯光工作者带来很严重的影响，会影响演出，造成演出事故。

电脑灯的色温、照度变化也是一个影响演出效果的问题。一般电脑灯在使用一段时间后，色温、照度都会有不同程度的降低，不同品牌的光源也有所不同。因此，我们在使用的时候都必须先进行测试，逐个灯调试成一致才方便使用。而且，部分电脑灯的色温、显色指数会随着减光的变化而变化，表 3 是实测数据。

表 3

名称	图形	亮度	色温	显指	R9
进口某 SPOT-1200		100%	5949K	92.5	58
		50%	5732K	92.4	58
		30%	5949K	92.3	58
国产某 SPOT-1500		100%	7600K	83.4	17
		50%	6527K	56.2	-119
		30%	5642K	37.8	-226
国产某 SPOT-1000		100%	6230K	92	61
		50%	5937K	91.2	56
		30%	5630K	90	52

由此看来，某些电脑灯的色温、显指在调光过程中并不稳定。

电脑灯的体积、重量也是不可与 LED 白光灯相比的，当然，LED 灯的照度也远远不及电脑灯。电脑灯过大的体积与重量，影响到它在剧院面光上的使用，很多剧院特别是老一点的剧场，运输电脑灯上面光很不方便。面光桥及面光通道、面光灯放置的位置都会有问题，对装灯很不方便，而且电脑灯的功率比 LED 白光灯的功率要高，耗电也多，有的剧场面光提供不了这么多电量，单独接线既不规范也不安全。还有的剧场面光无法安装电脑灯，设计者往往会把电脑灯放置在二楼观众席的前沿或者包厢来解决面光的问题。对面光而言，这种位置投射角度太低，并不理想，而且，电脑灯的光质也比较硬。

如图 4，是歌剧《蔡文姬》中匈奴大帐的一场，画面中有几处定点光，鼓、柱子、王冠、桌子等，如果用电脑灯来做定点，可能会由于电脑灯的不稳定，影响效果。

图 4 《蔡文姬》"匈奴大帐"一场

电脑灯本身存在的使用中的这些问题，使电脑灯在作为面光白光使用的时候，不如 LED 成像灯、聚光灯方便，LED 灯不仅体积小、重量轻、色温稳定，不存在跑位、自动灭泡等影响使用的问题。所以 LED 成像灯、聚光灯用于歌剧《蔡文姬》的演出中有它独到的优势与优点，这种 LED 白光灯可被广泛应用于舞台和其他演出场所。

那么，LED 白光灯是否只有优点而没有缺点呢？是否在舞台演出中没有任何问题了呢？当然不是这样，任何事物都不是十全十美的，LED 白光灯也是一样，它自身也有很多不足之处，还有很大的提升空间。

（三）染色灯的选择

歌剧《蔡文姬》表现的是民族团结、民族兄弟之间血浓于水的情感，因此，在整部戏的基本调子的确定上，以暖色调为主，特别是东汉末年的战乱场景，以红色调为主，大块的红色加以少量的蓝色对比，使画面色彩更加浓烈。铜雀台、曹丞相府，展现汉家的辉煌，都是以暖色为主，特别是当蔡文姬修完《汉书》、完成慈父遗愿、为大汉做出杰出贡献时，整个舞台飘满《汉书》的场景，满台橙黄色光，把整台剧推上高潮，到达辉煌的顶峰。相反，在塞外匈奴的场景中，追求的是蓝天白云、清水绿草，羊、马成群的美景，用的是蓝绿光，既优美又和谐。要达到这样的效果，必须选择优秀的灯具，要求颜色不但要丰富，而且选色要方便，光质要柔和，显色指数要高，灯具还要轻便。能够达到这些条件的灯具也只有 LED 染色灯，下面就这些问题进行分析。

1. LED 灯具光效的提高

LED 灯具的输出光效提高了。在 LED 应用于戏剧舞台之初，灯具光效只有 10 lm／W 左右，目前部分产品甚至已超过 100 lm／W，而且还有提高的空间。大功率的 LED 摇头染色灯出现了，功率可达 1100 多瓦，双变焦，变焦范围可达 0 至 50 多度，五色混色，既可以做逆光又可以做染色灯，完全能够实现我对歌剧《蔡文姬》的灯光设想。天幕灯也出现了，双联七色的 LED 泛光灯，可以调出任何灯光设计所需要的颜色，特别是黄色、橙色和红色，使设计能够得心应手。

2. 智能色彩管理系统的应用

LED 灯具生产企业也越来越重视充分利用 LED 光源的色彩优势，通过建立自己企业的 LED 智能色彩管理系统，更好地解决多颗粒 LED 灯具色温、显指、白光和彩光颜色一致性的问题，把不同颜色、不同波长的 LED 光源按比例精准地整合于单一 LED 灯具之内，发出的光谱类似于钨丝灯的光谱，把 RGB 三色 LED 灯具不可能产生的饱和琥珀色，甚至紫色、青绿、洋红和其他鲜艳的颜色也都能呈现出来，提供更完美的光谱效果和丰富的色彩。多色 LED 光源灯具的颜色可以做到千变万化，但要找到具体的某个颜色却是相当困难的。智能色彩管理系统为灯光设计师解决了这个问题。智能色彩管理系统能迅速找到演出中所需要的颜色，使 LED 灯具能够像灯光滤色片一样，具有不同色系的各种所需颜色。

如图 5，画面中的色彩就是由 LED 染色体现的，可以看出，颜色很饱和，色调统一，光质得当。这是选择 LED 染色灯能够做到的，因为剧场的吊杆有限，画幕和染色灯的距离很近，如果采用钨丝灯会很危险，容易造成火灾，LED 灯就不存在这个问题，可以近距离使用，颜色也可以根据设计需要选择，让颜色有一定的灰度，这是灯光滤色片和电脑染色灯很难达到的。画面中的房檐、侧光用的都是 LED 大蜂眼，光色柔和均匀，无硬光斑，既勾勒出了场景、人物，又统一了画面。

通过颜色管理系统，灯具的颜色输出不是简单地由 LED 的颜色决定，

图5 《蔡文姬》

同时由灯具的系统控制决定。通过 HSIC 和 SSP 两种基于色彩和光源配置的基本通道模式，很好地解决了 LED 灯具颜色控制问题。可根据不同设计习惯或不同的国家和地区配置不同的通道模式，还可通过内置的颜色管理，进行更方便、更精确的颜色控制，将常用的标准颜色通过颜色管理系统校正后存储到灯具内部的存储器。如将 Roscolux、Lee Filters 色片的颜色内置灯具。在使用时选中相应色纸号的灯具就能发出与标准光源加标准滤色片相同的颜色。

图 6、图 7 是歌剧《蔡文姬》中第一幕的场景，从图中可以看出，两张图片的调子完全不同，一张为蓝色调子，一张为红色调子，表现的是月夜汉兵查抄蔡文姬家。蓝色调子表现月夜的空间环境，蓝色采用 LED 摇头染色

图6 《蔡文姬》第一幕场景一

图7 《蔡文姬》第一幕场景二

灯做逆光，铺满舞台，增强了人物的造型，面光采用 LED 成像灯，保证了色调的统一。大功率 LED 灯的出现，保证了面光和逆光的光比，蓝色背景后面的红光表现了战乱。红色调的画面突现了汉兵的残酷，放火烧了蔡府，红色既是战火又是血的象征。如果没有智能色彩系统，调色会很慢也不准确，LED 灯的智能色彩管理系统，让灯光设计可以直接选色，解决舞台上的色彩需求。

电脑染色灯也可以对布景、演区、人物进行染色，但是，电脑灯的体积、重量都无法和 LED 灯相比，不能大量地、成排地吊挂在同一道杆上，光质也较 LED 的光硬，因此，在灯具选择上，电脑染色灯会逐渐丧失它的地位。

总之，在一部戏的灯光设计上，在灯具选择上，要充分考虑到设备的用途和需要达到的效果，这些效果是与设计和设备分不开的。LED 灯具的优秀性能与表现是设计者们青睐的重要原因，也是灯光生产企业精益求精研发与追求所致。不远的将来，LED 灯一定会成为戏剧舞台灯具的主流，会有更适合戏剧舞台演出所需要的 LED 系列灯具，为我们的舞剧、话剧、歌剧、音乐剧、戏曲等舞台演出提供有力的效果保障。

灯光语汇与画面审美探讨 *

白文国

一、舞台灯光有着无可比拟的情感力量

灯光是戏剧情感的暗示和延伸，利用灯光特有的光色、光影等语汇来推动剧情的发展，揭示人物内心变化。

（一）红色光是希望的象征

红色的灯光有时也代表希望，我习惯把它叫作"希望之光"。在话剧《雨夜》中，就用了一束红光给赵明以希望，这也是社会的希望和民族的希望。剧中赵明和杜海是中学同学，赵明聪明、正直，大学毕业后做了一名中学老师，教课很好但不愿意同流合污，最后辞职下海，在危难的时候副市长杜海救了他，杜海是他的恩人，从此他成了杜海的左膀右臂，帮杜海干了好多违法的事情，用他自己的话说，他就是杜海的一条狗。赵明的正直使他一直纠结在痛苦中，他不能违背做人的底线和良心，所以，在他查出得了绝症后，他决定揭露杜海的罪行，劝他去自首，他不能把那些罪恶带到棺材里。在同学聚会时，赵明又苦口婆心地劝杜海，杜海根本听不进去，

---

* 本文为北京舞蹈学院"一流学科"建设专项计划项目，项目编号：0118031/013。文中采用了刘杏林老师作品《牡丹亭》的图片，在此表示感谢！

两人矛盾加剧,赵明愤然离场,此时由于矛盾激化,室内光是偏冷的暖光,室外下着雨,是淡淡的蓝光,赵明冲到室外,由暖光区进入冷光区,他站在那里悲愤地说:"做了狗的人不能到死还是一条狗啊!我要做次人,我不相信天永远是黑的,我要让它再亮一次!"随着赵明的这句台词,从上场门耳光处一束红光慢慢地照在他身上,室外的冷光也慢慢转暖,天亮了,象征着赵明的希望一定能够实现。(图1)

在舞剧《那些故事》中,同样是用红色代表希望和光明,在黑暗笼罩着的旧中国,《共产党宣言》给中国人民指明了方向,当满怀热血的陈望道译完《共产党宣言》时,天幕上出现了"共产党宣言"五个金光闪闪的大

图1 话剧《雨夜》

字，这时红光像初升的太阳从"共产党宣言"上方喷薄而出，舞台上压抑的蓝色基调光渐渐地变成了暖暖的红色，红光由"共产党宣言"慢慢扩散、充满整个舞台，象征着党的火种传遍祖国大地。一群学生、工人打扮的舞者在红光照耀下起舞，人们看到了民族解放的曙光。（图2）舞剧《井冈·井冈》也用了红光，也代表希望和曙光。当反围剿失败后，红军进行了战略转移，上场门吊笼处一束红光照耀在战士们的脸上，在蓝光中格外温暖，红光是失败中的希望之光，是战士们满怀革命热血不被困难吓倒，坚信革命必胜的胜利的曙光。舞台上的蓝色基调是夜晚和革命失败的环境光，在蓝色的基调中，战士们迎着红光渐渐地走远了，远处是一条由火把组成的红色

图2 舞剧《那些故事》

图3　舞剧《井冈·井冈》

"之"字形亮线,象征着星星之火可以燎原,中国共产党的火种传遍祖国各地。(图3)

(二)红色光也有悲伤的语言

《老牛湾》是一部非物质文化遗产项目"二人台"的戏曲剧目,剧中用蓝色光和红色光表现了由泪水变成血泪的悲伤过程,更加突出了主人公悲痛欲绝的心情。(图4、图5)这段戏是留守儿童由于思念常年外出打工的妈妈,深夜冒雨出走去寻找妈妈,自愿义务承担照顾村里留守儿童的主人公果

图4　二人台《老牛湾》1

图5　二人台《老牛湾》2

香得知后，和其他村民一起冒雨外出寻找孩子，由于天黑路滑，不幸摔下悬崖，摔成重伤，在村支书石强背着她回来的路上，果香死在了他的背上。这里需要交代一下剧情，果香与村支部书记石强是年轻时的一对恋人，两人青梅竹马，但当时父母包办婚姻，果香的父亲为了和革委会主任搞好关系，逼着女儿嫁给了革委会主任的儿子，虽然果香坚决反对，但在父母以死相逼的情况下，孝顺的果香只能听从父母安排，因此一对恋人被拆散，虽然两人心里都装着彼此，但误会、隔阂已经很深。后来果香不幸的婚姻发生变故，她又孤身一人回到了村里，多年来埋藏在心底的爱的火花重新燃起，只是两个人都没有表露出来。老书记临终前把果香和石强请到家里，让两人和好，两人同意了，半辈子的爱终于有了结果，可就在两人对未来充满美好憧憬时，果香却永远离开了他，突然降临的悲伤击倒了石强，他泪如泉涌。这时舞台上有五条白纱慢慢地垂下来，这白纱是五条泪水，是石强的泪，是村民的泪，也是留守儿童和观众的泪水。蓝色的灯光从白纱的顶端慢慢铺满到整条纱，是泪水在流动，随着音乐和悲伤的剧情进入高潮，蓝色的灯光又从纱的顶端开始慢慢地变成了红色，五条泪水变成了五条血泪。石强的泪水哭干了，在悲痛到极点，欲哭无泪时流下了血泪，血泪的灯光语汇把戏剧情感又推上了一个高潮，我通常称之为"悲伤之光"。当时也有人问，红色不是代表喜庆吗？怎么在悲伤的时候也用红色？灯光没有固定的模式，舞台灯光的色彩语汇也不是固定不变的，这种语汇需要剧情来铺垫，不同情境、不同情感，同一光色有不同的灯光语境。

（三）绿色也有祝福和美好愿望的含义

除了红色光以外，绿色光有时也用来表现喜庆的场面和美好的愿望。在舞剧《萨吾尔登》中，草原婚礼一场，就用了绿光而没有用红光，喜庆场面一般是用红色光的,但为什么用绿光呢?这个绿光恰恰是对一对新人的祝福,草原人民最大的幸福就是希望一望无际的绿油油的草原,绿草肥美,牛羊成群,这绿色是送给新人的礼物,是那无边无际的大草原,是对他们幸福的期盼。婚礼毡房的顶子给了蓝光,周围用绿光衬托,预示着草原的天空永远是蓝的,像宝石那样透彻,白云悠悠,绿草铺地,一对新人生活在绿色海洋托起的蓝天下,幸福美满。(图6)

我记得胡耀辉教授曾经说,在《想飞的孩子》中他把绿光送给了英雄王二小。王二小为了不暴露八路军的踪迹,彻底消灭鬼子,他把鬼子带进了八路军的伏击圈,却被残忍的鬼子摔死在石头上面。这时,灯光从最后一

图6　舞剧《萨吾尔登》

排开始变绿，从舞台后区往前一直铺满整个舞台，这绿色的光是胡老师送给王二小的漫山遍野的嫩草，这是王二小的愿望，他多么希望世间和平，没有战争，被战火烧焦的大地上长满绿草，他的牛就有草吃了，人们的生活也就好了，这是幼小心灵的纯真无私的爱，也是对和平的渴望，绿光赢得了观众的热烈掌声。胡老师的绿光满足了王二小的愿望，是对王二小的爱和怀念，是在告慰小英雄，侵略者一定会失败，他的愿望一定会实现。

（四）光影也有独特的语汇

舞台灯光中不仅色有着无可比拟的情感力量，光影也有着独特的语汇，它可以揭示人物内心的矛盾世界，心理阴暗的一面就像影子一样缠绕着、撕裂着。例如话剧《雨夜》中，副市长杜海独白的一段，就用脚光做了影子的语汇处理，把他贪婪、以权谋私不能自拔的罪恶心理表现得淋漓尽致。随着杜海的台词"都他妈在一个规则里游戏"，脚光慢慢开启，其他光慢慢压暗。"洪水来了，从远处嗷嗷怪叫着铺天盖地地压过来，四周到处都是水，我拼命地想抓住点什么，随便抓住点什么都好，可大浪一个接着一个，我拼命地挣扎，拼命地喊叫，可没人来救我，没有人……"在这段独白过程中，随着杜海情绪的变化，其他光全部压掉，最后只留脚光和蓝底光更加突出了剧情，刻画了人物。（图7）

二、舞美、灯光要创造留白的空间

"没有灯光就没有空间，没有空间就没有戏剧"，灯光大师的这句名言揭示了舞台灯光在戏剧中的重要性，但是灯光怎样才能有生命力？舞台画面怎样才能符合审美要求，这就需要舞美设计和灯光设计的共同努力，需要在

图7　话剧《雨夜》光影

同一个目标下完成这项戏剧创作任务。

（一）舞美设计要给画面留白

舞美设计要善于取舍，不能只顾表现自己，把舞台空间堆得满满的，不给对方预留创作空间，各创作个体要给其他主创部门留下创作余地，给大家，包括观众留下想象空间，舞台画面要留白。

首先，舞台设设计要留白，这里说的留白和中国国画中的留白有些相似，只是空间维度不同，画国画时画面要留气，也就是留白，画面不能充得太满，要留出空间。舞台美术也是一样，舞美的基础本身就是绘画，舞台美术同样不能把画面充满。所以，舞美设计对画面的审美素养及观念至关重要。舞台设计在一部戏的二度创作中是走在灯光设计前面的，导演对舞美设计的要求比对灯光设计的要求更多，舞美设计的意图常常体现了导演的要求，因此舞台设计掌控着画面的审美基础，舞台画面的呈现与审美首先在于舞台设计。但是，设计师们也有只注重自我表现的情况，在舞台空间设计了大量的景片，包括硬景和软景，把吊杆挂得满满的，在吊装空间上没有给灯光留下充分的发挥余地，在视觉上把舞台画面搞得非常拥堵，少了留白，也就缺少了层次。我看过中央戏剧学院刘杏林教授的作品《牡丹亭》，舞美像一张水墨画，简单的几笔，透着灵性；还有北京舞蹈学院高度教授的《萨吾尔登》，对舞美、视频的要求也是点到为止，舞台画面干净、完整。（图8、图9）

（二）灯光设计对画面的留白

灯光是舞台画面的重要组成部分，是舞台画面的最后呈现者，有人把灯光叫作"舞台上的画笔"，所以，灯光这支画笔在画舞台画面时，在画面处理上一定要留白，这里的留白包含着光束、光位、光区和投光范围等，和国画中的留白有所区别。

首先，光束是舞台画面构成的一部分，有时在舞台画面中起到装饰和光幕的作用，如果需要光束来装饰舞台，需要光束这种语汇，那么它的存在就是有价值的，是有生命力的，不然就会破坏画面的完整，把画面分割得支离破碎，成为舞台画面的最大破坏者。这也是灯光设计师们普遍认为比较难解决的事情，也是很矛盾的问题。现在的灯具大部分都有极好的聚光性能，特别是电脑灯，Beam 灯，在使用过程中想避免光束都难。所以，在与舞美

图8　昆曲《牡丹亭》

图9　舞剧《萨吾尔登》画面留白

图10 《生命的壮彩》画面留白

设计风格一致的情况下，对灯具的选择非常重要，要想减少光束或者是不需要光束，就要选择柔光类的灯具，例如 Wash 灯、LED 染色灯等，同时减少空气中的烟雾含量或者尽量不放烟，只有这样，才可以避免不必要的光束。另外，在光位的选择上，尽量选择侧光位，侧光位的光束要较逆光弱一些。另外灯具要隐蔽，不能像晚会一样裸露，光区的边沿在没有特殊要求的情况下，尽量虚化处理，避免实光圈，灯光色调要与舞美统一，表演空间光比关系层次分明，把握准确，特别是景光，在舞美没有给画面留白的情况下，有的景片灯光可以作无光处理，用不给光来给舞台画面留白，这样才能保持画面的完整性。（图10、图11）

图11 《舞研堂》画面留白

总结

舞台灯光有着其他舞台元素无法比拟的语汇，在画面中起着二次着色与统一画面的作用，舞台画面的雅、俗与灯光有着不可分割的关系，特别是光色，大红、大绿、过度饱和的蓝把舞台画面处理得很脏，颜色很生，这样呈现给观众的画面就不是一个好的作品，灯光也需要偏灰的高级色调，比如说灰蓝、灰绿等。一部戏是有一个主色调的，主色调是由剧本本身的风格决定的，像画画一样，在大色调的统一下颜色不能生硬。当然，这和舞美景片的基础色、服装面料的固有色，也有很大的关系，如果景片固有色太深、太艳，灯光就很难处理，景片颜色比较中性、比较灰，灯光就比较容易处理。要想得到理想的灰颜色，除了灯具本身的色域有可调、可选的颜色以外，还可以通过光色的叠加、光色与物色的叠加得到。如果有时戏剧情绪与舞美、服装的固有色有所冲突，灯光要以光色语汇为主，这时可以光色优先。因此，一部优秀的作品，好的舞台画面，是在导演、舞美、灯光、服化、视频的共同努力下取得的，特别是画面的留白，更要与舞美设计多交流，只有在舞美留白的基础上，灯光才能更好地给画面留白，虽然舞台画面受舞台诸多因素影响，但灯光是舞台画面的最后统治者，怎样才能得到理想的画面，值得大家共同去探讨。

浅议《雨夜》的灯光设计构思

白文国

引言

《雨夜》是由李宝群和吴晓江担任编剧与导演的话剧作品。这是一部现实主义作品，表现了一代人不屈服于命运和社会现状、努力与失败、拼搏与抗争的精神，表达了改革开放以后当代中国人对社会强烈的责任感。它是一部反映当代现实生活的正剧，剧中没有庞大的角色数量，只有九位同班同学，分别是昔日歌星、名模白梦，主宰着城市建设的官僚杜海，病入膏肓但是道德良心使其猛醒的癌症病人赵明，寻找出头机会的作家林军，攀附高官、溜须拍马失去良知的律师费强，深爱着杜海的美籍华人莎莎，大医院的底层护士许曼，为争取基本生活条件奔忙的出租车司机黄五和保姆刘小花等。该剧通过一次多年后的同学聚会展开剧情，随着不同阶层的人物登场，伴着矛盾激化，表达了当代社会中年人的困惑，人们挣扎在道德底线和社会潮流之中，无法掌控自己的命运，被社会浪潮席卷着抛向未知。通过同学聚会，作品折射出整个当代社会的浮华和喧嚣，刻画了一群有代表性的人物。通过聚会，将潜在的中年危机、道德与良知的冲突、同学友情与社会竞争的无情进行了比较冷静客观地揭露，批判了中年人种种可悲可怜的景象。剧本采用了现实主义和表现主义的方式，反映了当代真实的社会生活，在舞美和灯光创作上同样遵循了写实和表现的风格，使该剧在风格上完整、统一、协调。在技术上和艺术创作上,舞美、灯光、视频做到了跨界融合,使舞台效果浑然一体。

一、舞美风格

该剧的舞美设计只有一个场景,演出过程中没有布景迁换,调度变化、场景变化主要靠灯光来体现。主表演空间是别墅内部的客厅和餐厅,阳台和走廊是次表演区,该剧是典型的"三一律"作品。(图1)舞台呈现的是具有写实环境和生活细节的别墅局部,创造出具有真实生活形态的舞台环境。但是,在第三幕的处理中打破了写实原则,采用表现主义的方法,借用强化和象征意味的手段,深化主题。利用高流明的多媒体投影技术,将

图1 《雨夜》舞美设计图

弥漫的洪水直接投影到舞台的表演区及景片上,创造出山洪暴发的场景。灯光也进行了协调有力的配合,此时面光减弱,利用电脑灯的水纹图案,在舞台上投射出水的感觉,舞美、灯光完全是表现主义的手法。对于白梦别墅的表现也是如此,多媒体投射出倾斜、扭曲的别墅小楼,现出严重的倒塌状态,形若一处坍毁的废墟,电脑灯做出一轮弯月,亮照着这座孤楼,到处是滴答滴答的漏水现象,以及窗外飘着的雨线。在孟江大桥的垮塌上同样也是这样表现的,多媒体投出了可怕的大桥崩塌的画面,丰富了表现手法,增强了舞台气氛。那么,多媒体的呈现与舞美的结合,就要看舞美设计与视频设计的统一、风格统一、色调统一,视频是舞台美术的一部分,所以,舞美设计在创作时就要给多媒体留有足够的表现空间,别墅内的墙体就是投影幕,舞美把墙体的颜色处理得比较浅,比较灰,而且贴有壁布,这样避免墙体涂料吸光,影响多媒体效果。该剧的舞美设计不仅给多媒体留有足够的创作空间,同时也给灯光设计提供了很好的创作平台。

二、灯光构思

对于一部戏来讲,创作风格要求必须统一,剧本是现实主义与表现主义的结合,灯光设计也必须遵循这个规律。在现实主义剧本和舞美写实风格的界定下,该剧的第一、第二场灯光也采用了写实的创作方法,第三场采用了表现主义的手法。该剧发生的时间是黄昏至深夜,因此,这部戏的灯光色调根据剧情确立以暖调为主,从黄昏时橙黄色的光到别墅内暖黄色的室内灯光都是暖色调,只有天黑后、月夜、雨夜时,窗外才透着蓝色的天光,其间还有表现情绪的光,所以,整部戏的光色变化过程是橙色—橙色加蓝色—蓝色—红色—蓝色—橙红色等。(图2)

图2 《雨夜》暖色灯光效果

首先,黄昏时天光是橙黄色的,假设舞台的上场门为西方(写实景必须要确定主光源的方向和现实生活中的方位),下场门为东方。傍晚阳光是从西方投射过来的,所以橙色的光由西方投射过来,也就是说光线是从上场门投射过来的,光位是吊笼的光,是纯侧光的光位。橙黄色的光透过侧景片,从别墅的门窗照射到室内,让室内笼罩一层暖暖的橙色的夕阳的光,给人物镶上一层金色的轮廓,这层暖色的橙光是主光源;再从东方也就是下场门铺一层淡蓝色的光作为辅助光,突出舞台造型,这些光都是舞台的演出环境光。在主要的演区再做一层演区光,用来突出演员表演,增强戏剧情感。这些色彩的呈现,选用的都是电脑染色灯和LED灯,传统灯具在光质、色温和颜色上已经不能满足戏剧舞台的需要。

随着时间的推移,太阳越来越低,光的投射角度接近零度,光线很平,

图3 《雨夜》冷色灯光效果

颜色也在橙黄的基础上略偏红色，在照度上也比此前弱多了，这时的光位是流动灯的位置，下场门依然是淡蓝色的辅助光。天渐渐地暗下来了，太阳完全没入了地平线，门窗外的橙红色的暖光渐渐地消失了，灯光慢慢地在不知不觉中变成了蓝色，透过门窗照射到别墅内，与别墅内的暖色的灯光形成互补，窗外的这层蓝光也预示着和谐热闹的同学聚会背后是矛盾激化和对道德、良知、责任的认同与分裂。在赵明没有出现前，舞台气氛是和谐的，入会者个个洋溢着幸福甜蜜的笑容，舞台上充满橙白色的光，象征着温暖和亲密，同学们有说有笑，喝酒聊天唱歌，无比愉悦。（图3）起风了，下雨了，隆隆的雷声与闪电预示着有事要发生。随着一声"大门没关我就进来了"，众人循声而望，发现最不想见的赵明不请自到，他像"瘟神"一样站在雨夜的蓝光里，这个蓝色光区是舞台环境中唯一的室外光区，人们从惊愕

图4 《雨夜》红光象征希望

中回过神来,忙请赵明进来。这时,随着赵明的到来,室内气氛变得紧张,暖光也渐渐地变成了蓝光,戏剧情感发生了变化,这种蓝色调的变化,并非写实的光,而是情感的灯光表现。类似这种表现还有杜海和赵明的矛盾激化,冲突到高潮时的红光,红光增强了愤怒的舞台气氛,在杜海软硬兼施的情况下,赵明还是坚持自己的观点,不受强权和同学情感所困扰,这使杜海非常恼火,像一头困兽、更像一头发疯的狮子怒吼着,恨不得把赵明撕成碎片,他的疯狂代表着那些腐败贪官的最后疯狂。那红光是杜海气炸肝肺的光,那红光是群众愤怒的火光,那红光是由于豆腐渣工程导致的在孟江大桥垮塌和九岭隧道塌方事件中的死难者的鲜血,那红光也是腐败贪官们在被人民审判的最后流出的罪恶的血。所以,戏剧进行到此时,杜海身上的红光定点,慢慢地像流水一样扩散到整个舞台,这种红光的冲击力是其他光色所不能替代的。(图4)

当然，红光的情感不只是愤怒，有时也代表着喜庆，有时代表着希望，它的象征意义是由戏剧的特殊情感决定的。在本剧中，赵明和杜海矛盾激化，赵明代表着正义和良知的觉醒，在和杜海的激烈争吵中，重病的赵明病情加重，许曼、黄五、刘小花急忙送赵明回医院，他们走出客厅，院子里的蓝光照射在他们身上，随着赵明的台词"让太阳出来一次"，虽然此时是夜里，室外的天光没有红光，但这时一道红光洒在赵明脸上，这束红光完全是对情感的表现，是给赵明的希望，对赵明的赞扬，他的觉醒使他看到了明天的曙光，这也是社会的希望之光。红光暖暖的，暖在赵明心里，暖在观众心里，暖在广大人民的心里，红光在这里使剧情得到升华。（图5）

在本剧中，除了用光色表现情感以外，还用到了光影。在赵明和杜海之间，赵明始终像影子一样跟着杜海，告发他，劝他自首；在孟江大桥、九

图5 《雨夜》红光效果

岭隧道的倒塌事件中，严重违法事件像噩梦一样缠着杜海，使他无法摆脱。为了更有效地表现剧情，在杜海绝望的独白"整个社会都黑了，我白得了吗，如果换作赵明，他也一样……这些事像噩梦一样缠着我，我梦见我被卷在了洪水中，没有人救我……"的时候，用了光影的表现方法，在乐池里用两只36度的成像灯（最好用一只70度的成像灯，但是剧团没有）作脚光，把杜海的影子投射到背景片上，影子随着杜海的调度而移动，当杜海距离脚光灯近的时候影子变大，距离远的时候影子就小，这样时大时小，有时还会变形，更增强了戏剧感染力。（图6）

总之，一部戏的灯光设计会有多种不同的表现方式，但是，不管采用哪种表现方法，都要和剧本风格、导演意图、舞美样式协调统一，灯光创作不能游离于其他主创的表现风格之外，不能脱离导演的总体把控，否则，戏剧就不完整，舞台呈现就会留下很多遗憾。

图6 《雨夜》光影

以创演怀柔区宝山镇道德坑村红色情景剧《一碗羊汤》为例

张圆圆

一、红色情景剧《一碗羊汤》的创演背景

习近平总书记在党的二十大报告中强调:"加快建设农业强国,扎实推动乡村产业、人才、文化、生态、组织振兴。"推动乡村文化振兴,既要塑形,也要铸魂,不断丰富人民精神世界、增强人民精神力量,提高乡村社会文明程度,焕发乡村文明新气象。

北京舞蹈学院于2018年将怀柔区宝山镇道德坑红色体验基地作为大学生爱国主义教育实践基地,挂牌"大思政课"实践教学基地,并于2022年选派年轻教师苑媛老师奔赴乡村一线开展驻村工作。道德坑村曾是解放战争时期华北地区最大后方医院所在地,当时70多户农民救助了3万多名伤员,在这里书写了军民鱼水情深的感人故事。2023年6月19日,北京舞蹈学院创意学院党总支组织全体教师党员和学生党员,来到道德坑村红色基地进行深入学习,与驻村书记苑媛老师进行了深入的交流和研讨,决定进一步发挥北京舞蹈学院青年教师、大学生的创研优势,以道德坑村的红色历史为背景,为道德坑村打造并拍摄完成一部时长20分钟的红色情景短剧《一碗羊汤》,丰富对乡村文化的宣传方式,用艺术创新的方式传承当地的军民鱼水情深和舍小家为大家的家国情怀。我作为参与此次主题教育的教师党员,在创意学院领导的支持下,作为此部情景剧的总导演,与剧本的编写者,也

是驻村第一书记苑媛老师，共同承担完成此部红色情景剧的创演工作。希望通过追寻红色记忆、传承红色基因的调研契机，让北京舞蹈学院的师生在创演情景剧的同时上好首都特色"大思政课"。旨在进一步教育引导青年教师、青年学生加强政治理论学习、传承红色基因、弘扬革命精神，自觉做中国特色社会主义的坚定信仰者、忠实实践者。为首都乡村振兴、协同发展贡献实际力量，为道德坑村的红色旅游产业添砖加瓦。

二、红色情景剧《一碗羊汤》的创演设计思路及方法分析

（一）创演思路

1. 成立调研小组

此次《一碗羊汤》情景剧的剧本背景是根据道德坑村真实历史故事改编而来，承载的历史和意义非同寻常，因此在创演初期，我们就成立了由青年教师和学生组成的调研小组，不定期开展调研小组会，调研以线上和线下相结合的方式展开。工作日期间可利用线上开展对道德坑村文化建设的采访任务；周末时间由项目负责人带领组员、学生到道德坑村以及北京其他红色村进行实地走访和调研，获得乡村文化建设的一手资料。同时，在整个调研过程中，积极发挥大学生的调研能力，及时记录他们参与其中的心得体会、心理变化和成长。调研过程中不能把对象仅仅局限在红色情景剧创演本身，还要深入了解道德坑村文化建设的方方面面。要认真听取道德坑村村书记、驻村第一书记、村"两委"、文化管理员的想法，也要听取当地村民的真实想法和感受。通过在道德坑村进行实地参观和学习，明确调研的目的和任务，为创演这部红色情景剧《一碗羊汤》做大量的前期准备工作。并通过分工明确任务内容，为接下来的外出调研、校内排练、演出等一系列工作做好准备。

2. 开展调研工作

在开始进行创演之前,我们组织调研小组中的演员和其他工作人员,多次前往道德坑村进行实地采风。我们通过参观弘德烈士陵园展览馆、在弘德烈士陵园祭奠先烈等主题教育,让参与此次创演的教师和学生再一次深刻地了解在七十多年前发生的那段感人至深的历史,尤其特别了解了《一碗羊汤》情景剧的原型李青春一家的故事,同时与此次《一碗羊汤》情景剧中"李大娘"的扮演者进行了一次深入的交谈,这位扮演者叫刘书侠,她是故事原型李慧的孙媳妇。这次交谈让我们在创演前就有了一次非常难得的体验,为后续的排演打下了坚实的基础。此外,为了让学生扮演者能够深刻地体会角色,我们在当地村民李德义大爷的带领下,体验了上山砍柴、背柴,还来到当年后方医院的遗址进行参观,这也是后续情景剧拍摄的实地。(图1—图4)

经过这一系列的学习和了解,我和参加创演的所有演员都对这个故事的背景有了更加深刻的了解,为修改剧本、确定人物、确定情节等打下了更加坚实的基础。

(二)创演特色

1. 跨专业融合创演

此次情景剧的演员均是来自北京舞蹈学院舞蹈专业的学生,这是本次创演的亮点之一。他们虽然是以舞蹈表演为主的学生,也在我的戏剧表演选修课上进行过学习,但他们还缺乏戏剧表演的经验,尤其是影视拍摄的经验,因此此次排练和表演的过程,对舞蹈表演专业的学生也是一次挑战。我们对故事进行了讲解、感受、分析,还对各人所扮演角色的内心活动、举手投足等方面进行了一一分析,将各人的感受和理解,一点一点地注入角色

图1 全体师生在弘德烈士陵园默哀

图2 创排全体师生在弘德烈士纪念馆参观

图3　全体师生在村民李德义家门口合影

图4　学生蒋宇体验背柴

中，并演绎出来。这次演出经历不仅让学生在戏剧表演的专业领域有了一次全新的尝试和提高，而且对他们本专业的学习也有很好的帮助。

2. 与村民共创共演

本次创演设计的亮点之二，就是此部情景剧是由北京舞蹈学院的学生与道德坑村民共同演绎完成，在这部剧中一共有5名角色，分别是李大爷、李大娘、蕾子、两名解放军伤员。其中蕾子和解放军伤员由北京舞蹈学院的学生扮演，李大爷和李大娘的扮演者就是道德坑的村民，其中李大娘的扮演者就是《一碗羊汤》这个故事原型李慧的孙媳妇，虽然大爷和大娘都非专业的戏剧表演演员，但他们对这段历史的了解和感受，以及质朴的气质深深感染着我和学生。北京舞蹈学院的学生虽然都有非常丰富的舞台表演经验和经历，但用戏剧表演的方式演绎角色对他们来说是全新的挑战，因此，在真正抵达道德坑村进行排练前，我就组织学生在学校开始了排练。与此同时，苑媛老师也带领着两位村民在当地展开了认真的排练，我们会经常交流排练进度，调整排练内容。（图5—图8）

2023年7月15日我们来到道德坑村，第一次与村民进行了排练，并最终完成了实景拍摄。

3. 实景拍摄

本次创演的亮点之三就是实景拍摄，我们非常有幸可以在当年后方医院的遗址进行实景的排练和拍摄，这对我和参与表演的学生来说都是非常难得的体验。在舞蹈学院进行的大部分实践演出工作都是在剧场中进行，一切表演环境都是通过舞台构建出来的，而这次的表演是在真实的环境中进行的。我们走进道德坑村，与村民共同创演，这里的一草一木、一砖一瓦都能让人感受到历史的韵味，表演环境对于表演状态的影响非常明显，学生和村民都更加快速地进入表演状态，进入真实的人物中。（图9—图12）

图5 学生崔茂宇、洪尹舒排练花絮

图6 村民柳维和、刘书侠排练花絮

图7 村民柳维和、学生洪尹舒排练花絮

图8 学生崔茂宇、蒋宇排练花絮

图9 学生洪尹舒、崔茂宇、蒋宇排练剧照

图10 《一碗羊汤》海报1

图11 《一碗羊汤》海报2

图12 创排全体师生和村民合影

三、红色情景剧《一碗羊汤》创演反思与总结

学生与道德坑村民共同创演《一碗羊汤》情景剧，通过走访调研周边多个红色村落历史背景等方式，让青年教师和大学生在创研过程中深化对党史和信仰的认识和理解，以情景短剧演绎红色历史故事，强调融合艺术性、可看性、教育性，并通过深入的采访和调研，引导他们学史明理、学史增信、学史崇德、学史力行。在整个情景剧创排的前前后后，我们也对未来北舞学生及青年教师如何融入乡村文化建设进行了深入思考。

1. 争取文化创意产业发展资源：制定政策以支持乡村文化创意产业，为类似项目提供资金支持和法律保障。鼓励高校、文艺院团与乡村合作，促进文化资源向农村倾斜。

2. 设立艺术思政奖励机制：建立奖励机制，对在艺术创新与思政结合方面表现优秀的高校、师生给予奖励和荣誉，以激发更多学府、更多学生以更大的热情投身类似项目。

3. 推动大学生参与乡村振兴：制定政策鼓励高校学生参与乡村振兴实践，提供相关培训和支持。设立奖学金、学分等激励措施，吸引更多青年投身到乡村事业中。

4. 建设乡村艺术教育基地：在乡村设立艺术教育基地，为当地居民提供艺术培训和文化教育。促进农民群众的艺术修养，提升整体文化素质。

5. 鼓励其他高校效仿：向其他高校推广这一成功经验，鼓励更多高校积极参与类似的社会实践项目，以推动更多乡村文化振兴计划的实施。

这些建议旨在促进文化与乡村振兴深度融合，通过艺术和思政结合，培养更多的人才参与乡村振兴，为构建社会主义新农村做出更大的贡献。

舞台表现中的前沿科技与艺术
——2022北京冬残奥会开闭幕式的视觉创作

吴　振

近年来科技的发展和应用使舞台展演发生了深刻的变化。舞台美术领域的创作者意识到舞台美术的功能远不是剧场里头那一点空间所能承载的,因此,提出了"大舞美"观念:一是要综合考虑舞台上各种元素的表现力;二是要站在导演的角度整体考虑解决方案;三是舞美设计师要宏观考虑对场域的认知,走出剧场,走向社会;四是跟城市建设以及公共空间的创意相结合。[1] 同样在数字媒体领域,新媒体艺术家开始认识到数字媒体艺术不能只以影像或装置的形式呈现在美术馆里,而应更多地参与舞台创作,尤其是国家大型演出的视觉创作,让更多人看到数字媒体艺术的创作理念、艺术风格和审美特点。如2020年日本东京奥运会视觉总监、新媒体艺术家真锅大度(Daito Manabe),2022年北京冬残奥会开、闭幕式视频总监王之纲等。

第13届冬季残疾人奥林匹克运动会(简称"北京冬残奥会")开、闭幕式分别于2022年3月4日和2022年3月13日在国家体育场(鸟巢)举办。不同于冬奥会开幕式"用科技让开幕式'人少而不空,空灵而浪漫'"的创作理念,冬残奥会开、闭幕式秉持"简约、安全、精彩"的要求,以"生命的绽放"为主题,"同心圆"为核心视觉形象,除了视听科技的运用,更注

---

[1] 参见曹林《当代"大舞美"观念与"整体设计"未来趋势》,《戏剧(中央戏剧学院学报)》2019年第1期。

图1　LED 高清屏幕

重情感的表达，力求展现残疾人内心绚烂的精神世界。①

2021 年 8 月，笔者有幸受王之纲邀请加入 2022 年北京冬残奥会开、闭幕式主创团队，参与视觉创作，深入体会了舞台创作中的"大舞美"观念：总体说来舞台设计需对各种视觉元素进行综合考虑。这些元素包括：覆盖整个体育场地面的视频影像投影（约 1 万平方米），悬挂于体育场南北两侧顶部的 LED 屏高清屏幕（用于现场直播和播放短片，图 1），舞台道具以及焰火表演（由当代艺术家蔡国强创作）。因此，在进行视觉创作时不仅需

---

① 参见王之纲、肖瑶《北京冬残奥会开、闭幕式的视效设计与呈现》，《演艺科技》2022 年第 A1 期。

图2 配合焰火的地面影像

要考虑各元素彼此之间的关系、视觉风格的统一，还需从导演的角度整体考虑演员的表演、调度等。例如借助数字手段实现场内、场外的融合，开幕式观众进场时火炬手传递在场外就开始了，并由 LED 屏进行直播；地屏立体投影（3D Mapping）技术的使用使舞台视觉在转播视角（也称主席台视角）可以获得更好的呈现（即画面更立体，而其他视角观看地屏影像会产生变形）。创作时既要考虑现场呈现又要考虑电视、网络的直播效果。当演出结束时，焰火闪耀天空，地屏投影也呈现数字动画的虚拟焰火与之相互配合。（图2）国家体育场作为北京标志性建筑，由一系列辐射式门式钢桁架围绕碗状座席区旋转而成，外观如树枝编织成的鸟巢，其表演空间为南北向赛场，空间场域明显不同于传统戏剧镜框式舞台和一般的体育场馆。

一、开幕式的"同心圆"

冬奥会开幕式运用了"3DAT 三维运动员追踪技术"、XR 和覆盖全场整个地屏的立体投影（3D Mapping）等高科技手段，弥补演员规模小、演出时间短的不足。而冬残奥会开、闭幕式将"圆"作为视频设计的主要意象，除了表达圆满、融合的概念，还根据需要扩屏和收缩，通过形状的变化，更巧妙地实现"简约、安全、精彩"的要求，同时更聚焦人性关怀，表达残健融合、美美与共的愿景。

（一）开场"倒计时"环节

视频影像呈现幽蓝色的冰面，之后冰块从中央碎裂，由星辰般粒子汇聚成圆形"宇宙舷窗"，透过舷窗可以看到太空视角下深蓝色的地球和城市的点点亮光，随着地球的转动，由数字流体组成的历届冬残奥会信息（举办城市和时间）依次呈现给观众。（图3、图4）与冬奥会开、闭幕式承上启下，依然延续了整个地屏立体投影的技术手段，通过两层空间的破和立带给观众强烈的视觉冲击。倒计时开始，从 1976 年第一届冬残奥会开始，冰面出现一条条冰壶赛道，虚拟赛道和倒计时数字由中心向两边延伸。冰壶运动员入场，随着运动员的推杆，虚拟冰壶在计数完成时刻到达靶心，全场气氛达到高潮。这里为了保证演出的稳定性最终选择了用虚拟冰壶影像代替"机器人冰壶"实体。

（二）"会徽展示"环节

该环节的影像最初是写实风格，由纸飞机、气泡等元素辅助表演构成交互叙事。该创意经历了长期打磨，最终由盲文构成的圆形粒子水面与演

图3 粒子汇聚成的"宇宙舷窗"

图4 "倒计时"冰壶到达靶心

员沉浸式表演编排相结合。几十名演员和残疾人一起围绕圆形水面站成一圈，构成圆形表演空间。（图5）盲文幻化出五彩粒子延展出水波、浪潮等动态视觉与演员的表演互动。有拄着双拐攀登珠峰的老人，残健融合的家庭温情等。（图6）随着演员的聚拢，粒子影像扩展并配合托举起的残疾孩童形成五彩的翅膀在整个体育场地屏舞动，影像成为"数字演员"参与了表演。

（三）"冬奥圆舞曲"环节

该表演环节紧接着LED大屏播放的短片呈现，实现了从影像到现场的时空转化。短片表现了两位盲童用五彩的颜色绘制了一幅纯真的"笑脸"，该段落依据最后的"笑脸"画进行设计，象征他们对美好世界的想象。（图7）盲童的画成为地面流淌的色彩，舞者在色彩中舞蹈。流动的色彩随着舞蹈不断变换，四季交替、岁月流转，最终突破圆形空间，流淌至1万平方米的巨大空间表现出生生不息的生命激情（图8），最终重新聚拢成圆。这里选取了多张盲童的彩画，通过各种技术手段实现了多种液体流淌、粒子消散的效果。

二、闭幕式的"唱片"承载了冬残奥会的温暖记忆

闭幕式依然采用了"圆"的意象，加入了具象化的机械唱针装置和唱片等意象，搭建了虚拟影像与真实舞台装置叠加而成的舞台，使表演更有"温暖感"和"记忆感"。（图9）巨大的圆形"唱片"呈现在舞台上，演员将唱针推到唱盘，唱盘缓缓转动，一张张残奥运动员的精彩瞬间在唱盘上不断浮现，激光刻印在舞台，清晰勾勒出冬残奥会项目的形象轮廓，凸显"两个奥

图5 盲文构成文字

图6 盲文幻化成的水波

舞台表现中的前沿科技与艺术 | 207

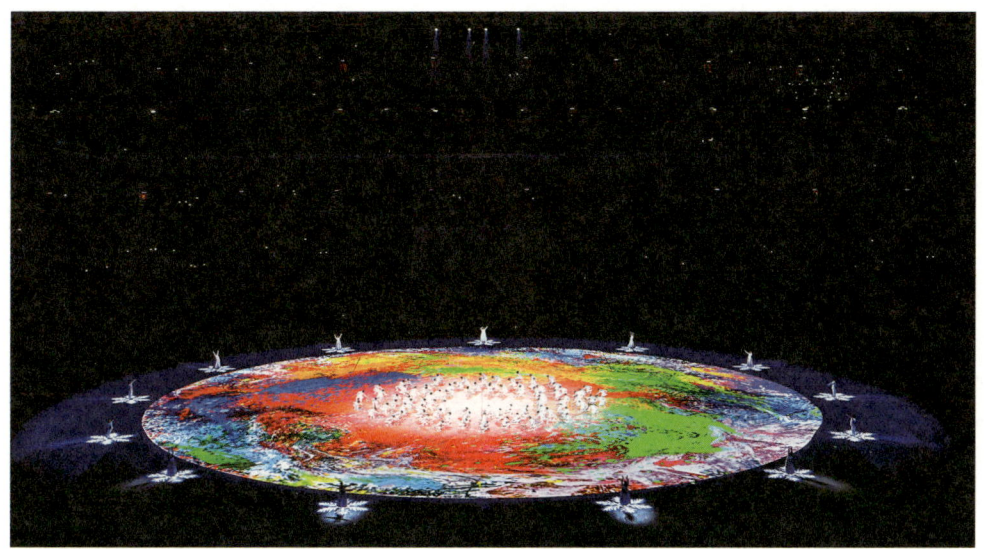

图7 "冬奥圆舞曲"环节

图8 流淌的色彩

图9　闭幕式的唱片

运 同样精彩"的主题。（图10）这里采用了立体投影的技术手法。[①]

在手语老师的引导下，近200位听力残疾表演者翩翩起舞，以手语形式配合舞蹈，诉说着心中对美好世界的希冀。阵阵金色"声波"在唱盘上流淌开来，通过"声波"构成的影像构成日常生活中的温暖场景和感人画面。舞台中央，60名残疾人与健全人的表演者通过定音鼓表演模拟着时间"指针"的行进轨迹，13套定音鼓呈圆形向心排列，构成了"表盘"形象，极富力量和节奏感的鼓声犹如残疾人自强不息的脉搏。（图11）这里立体影

---

① 《在温暖中永恒——北京2022年冬残奥会闭幕式侧记》，新华社北京2022年3月13日电。

图10 激光刻印"唱片"

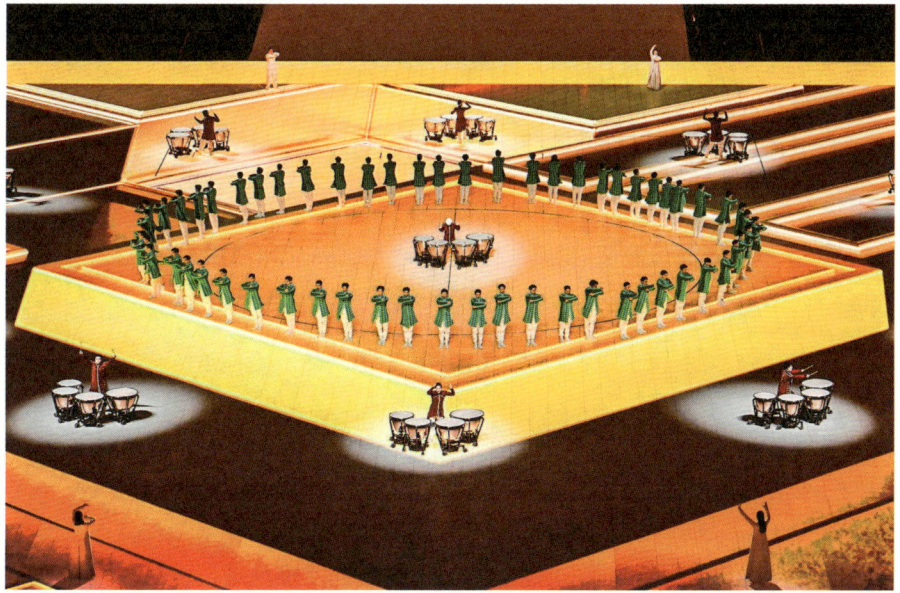

图11 定音鼓表演

图12　定音鼓影像从圆盘扩散到全场

像结合鼓声从圆盘扩散到全场，表现了中国传统的天干地支和二十四节气。（图12）

最后，一朵雪花镶嵌在巨大的蓝色唱片中央，"BEIJING 2022"字样烙印在"留声机"上。（图13）浪漫的焰火腾空而起，"北京2022"在国家体育场上空绽放，时光的"留声机"定格在鸟巢中央。（图14）

三、结论和展望

本次冬残奥会开、闭幕式是数字演艺的综合观感，是技术与艺术相辅相成效果的体现。作为代表国家形象的展演活动，其视觉创意有着极高的要

舞台表现中的前沿科技与艺术 | 211

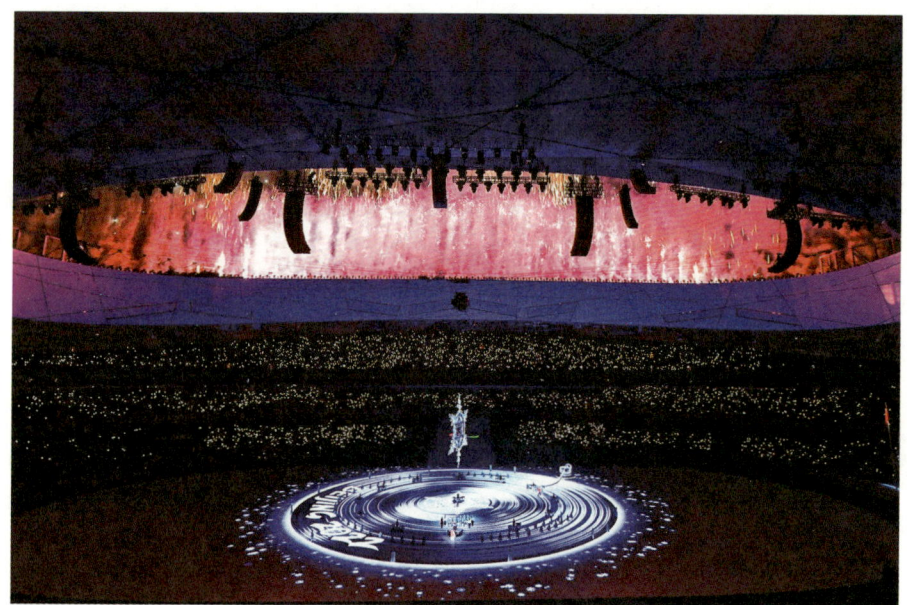

图13 "BEIJING 2022"烙印在唱盘

图14 "北京2022"在鸟巢上空绽放

求，即创意必须原创且没有被使用过，在经历了长期的打磨和迭代后最终完美呈现。视频制作使用了高分辨率的影像（圆形视频分辨率达到 8K），使用渲染农场进行视频的渲染。同时坚持以情动人，技术的选择不是越先进越好，而要看是否适合主题、情感的表达。

  在即将到来的 2024 年巴黎夏季奥运会，历史上首次不在体育场举行开幕式，开幕式在塞纳河上举行，将体育运动带入城市。10500 名各个国家代表团运动员坐船入场，由东向西延绵 6 公里穿过巴黎市中心。船上装有摄像机，观众可以通过电视和网络近距离观看。入场仪式将在特罗卡德罗广场前结束，在那里举行开幕式其他仪式环节和表演。未来舞台展演与城市建设以及公共空间的创意相结合会更加紧密。

窥见罗密欧·卡斯特鲁奇舞台艺术中"白色战略"背后的衣服

吴 蕾

引言

舞台服装在剧场空间里有着独立的视觉语境，它在包裹演员、建立角色的基本任务之上，随着后现代剧场艺术的不断发展，随着对"人"在剧场空间的存在意义的讨论，演化成了也许只是对某些意象的需要。罗密欧·卡斯特鲁奇的舞台艺术视觉的处理，将人物服装可能的美学语言按照他的导演观念呈现出来。尤其是他在众多作品中对于白色的使用，使我们得以窥见他艺术美学的某些层面。

一、卡斯特鲁奇"白色战略"的动机

卡斯特鲁奇曾说："一个好的演出应该使它自身凝结于图像当中。"在他诸多的戏剧作品里，装置、行动、服装、声音构成了情节关系，即使是传统的歌剧，也是对图像形式潜能的极端探索，他的剧场作品与观众的沟通方式似乎已经跨越了语言的障碍，被念出来的文字似乎也只是听觉中表现质感的颗粒。那种核心的，需要精神层面交流的内容，已经准确地转嫁在冰冷的墙壁、铿亮的黄铜、凶残的恶犬、浸透血渍的白色衣服、流动的油腻的肉色硅胶上了。从他高产的作品中，我们看见他对于图像艺术的深入理解，这样的理解也同样依托在他对人物服装造型的创作上。

卡斯特鲁奇在台湾台中歌剧院与王世伟的采访中描述自己的创作是"从一个混乱失序的状态进入到一个有秩序的状态（的过程）"，他将生活中看到的被他形容成浮光掠影的东西记录下来，"不断重组和再次阅读，找出一些关键的，他认为可以发展的重点，构思舞台上所要呈现的每一幕戏的大概状况"。（安妮整理）

卡斯特鲁奇的舞台作品设计涉及歌剧、话剧、影像与声音表演的行为艺术等等。而作为具体表现手段的处理，或者叫作舞台语汇的使用，他不会将身体的、语言的、声音的，或者其他"形式"的次序分为首要的还是次要的，他关注"形式"下的潜能和动能。他的剧场工作方式首先不是传统"说故事"的基本模式，他甚至将要诉说的故事内容删除，留下由上一个行动完成后的"空白"，某种程度上，我认为这也是布莱希特假定性创造空间的极端表现。所以，弄清楚一个视觉创作者的基本动机和美学追求，才能窥见他建立的图像信息后面所述说的语境。这就是我在研究卡斯特鲁奇作为导演、舞台美术师、视觉艺术家、演员、舞蹈指导、灯光设计师、服装设计等身份于一体的艺术家的认知方法。即，视像是心像的延伸，并且负责这个"延伸"过程的语境的认知变化。为了在服装上对这一美学延伸性进行具体探讨，我们来集中分析一下卡斯特鲁奇在服装造型上使用白色调的作品，并且将这个色调处理的现象称之为他的"白色战略"。

卡斯特鲁奇自20世纪80年代以来的作品，出自但丁《神曲》的《地狱篇》、《炼狱篇》、《天堂篇》、《嘿！女孩》、《上帝之子与白色面庞的概念》、《无尽繁殖的悲剧》系列、《马太受难曲》、《唐豪瑟》、《俄狄浦斯》、《莎乐美》、《摩西与亚伦》、《安魂曲》、《魔笛》等作品，大范围使用白色背景，其中白色服装的人物就有《上帝之子与白色面庞的概念》中的父子，《莎乐美》

中的莎乐美，《无尽繁殖的悲剧》系列中的罗马、柏林、伦敦、塞西那等城市人像的白色色调，尤其在歌剧视觉的处理上，白色调成为卡斯特鲁奇视觉成像的基础，根据不同主题，他运用不同质感的白色面料，构建出一种"被结构"的角色的存在，他们似乎处于一个"第五堵墙"外的地方，令我们打开心灵去审视，他们渐渐地从虚无的白色进入我们熟悉的某种现实语境，但仍保持着一定的距离。

卡斯特鲁奇的拉斐尔剧社以拉斐尔的名字命名，我个人认为这也不是简单的对照。拉斐尔一向被誉为"以优雅与和谐的平衡感而著称的大师"，他所创立的风格被称为"优美样式"（bell maniere），而法国著名的艺术评论家达尼埃尔·阿拉斯就拉斐尔画作的细节进行过非凡的研究，他认为拉斐尔的画作绝不是表面看上去的技巧的完美和优雅那么简单，拉斐尔是得到"灵见"（Vision 中主观的维度）的天才，他成功地将"异象"（Vision 中客观的维度）表达在了他的细节里。从我理解的层面来认识，那些"图像性细节"（阿拉斯）的表达是基于拉斐尔个人的对于所有法则和规范的推翻与重新构建。而卡斯特鲁奇的拉斐尔剧社，恰恰对应了阿拉斯这一精彩的描述，或者说卡斯特鲁奇"灵见"到了拉斐尔的"灵见"，因此确立了拉斐尔剧团的名字。当然，这是从图像解读层面的认识联想，也许非他本人所想。当具体指向我们所谓的处理舞台视觉乃至服装的"白色战略"时候，这一个白色图像的基础恰是他完成图像戏剧性的"画布"，构建在这个画布上的每一笔其他的色彩、肌理、样式，都成为他进一步表达"情节""故事""物象"的载体，随着这些载体语境的深入，白色成为解构事物的利刃，直白而锋利。

二、窥见"白色战略"在舞台视觉中的语境变化

《上帝之子与白色面庞的概念》是卡斯特鲁奇作为一个虔诚的天主教徒，试图探讨宗教信仰对于人类而言意味着什么。开场场景全场白色，给人的感觉觉不是天真纯洁的白，而是充满了不安定因素的白色，令人紧张。随着行动和情节发展描绘出事物与事物之间的轮廓：一个是因为年老而丧失生活自理能力（丧失作为人的最基本尊严）的老人，一个是用尽一切办法陪伴守护想要挽回其尊严的儿子。人物都穿着白色的衣服，加剧场景的压抑和紧张感，持续的、克制的小冲突的累积，直到最后场景达到巅峰、凝固、爆炸。此时已经不再是个人的苦痛悲伤，而变成了一种人类共有的无力而绝望的困惑！（图1）卡斯特鲁奇的这种表达方式从来都不是通过一个确定的动作，也不是将自己固定在一个痛苦、孤独和不断恶化的画面中，每一次展示都在演员自身产生新的认知，为再一次展示积蓄。所以，他利用角色表演融化在由白色人群建立的白色的、空洞的场景里，持续地将故事线分解切开，使演员表演时拥有新的节奏，使人物的白色从悲哀走向绝望，进而显出生命虚无的意象。

如果说图像剧场是罗密欧·卡斯特鲁奇的剧场，那一定是因为图像从来都不是某种事物确切的定格，而是在图像出现的时候就已经超出了图像本身所代表的内涵。如果说卡斯特鲁奇的拉斐尔剧社从某种意义上秉承了文艺复兴"终结者"拉斐尔的美学精神，那么从剧场构建的图像关系上可以理解为：一个事物的转变可以是这个事物本身形象所指，也可以是这个事物背后类型化的暗示，而因此拥有了被称为"更多另一个事物"的可能。卡斯特鲁奇在他执导的巴赫的歌剧《马太受难曲》（2016年汉堡国际音乐节开幕演出）中构建了极其抽离的图像关系。其中"白色战略"的运用令人完全

图1 《上帝之子与白色面庞的概念》

沉浸在了关于福音和受难、信仰与批判这种非三言两语能解释的语境当中。《马太受难曲》是一生做过无数宗教音乐的巴赫被保留下来的最伟大的宗教音乐之一,卡斯特鲁奇在处理它的舞台地板、谱架、歌本、服装,包括麦克风这些细节时都运用了白色,在略显灰白色的背景前充满了纯白色的人物,这种对比度极低又高调的视觉画面使得观众进一步聚焦于每一个人,聚焦于情节的发展与听觉的关系,整体的茫茫空旷的气氛使人不安。(图2)

在这部《马太受难曲》的作品中,除了顶级歌唱家担任重要角色外,卡斯特鲁奇更是通过"白色战略"直击宗教信仰的核心:通过耶稣基督的献祭达到人类的救赎。他把场景细化成了18个,都有不同标题且大多数与原作

图2 《马太受难曲》

关系密切,如第一部分第三场犹大、第八场橄榄山,第二部分第十场圣殿,等等。 演区白色地板衬托的白色服装的演员与观众席深色服装的观众群形成了鲜明的对比,每一个《马太福音》内容的陈述都伴随着带有某种质感的道具出现,代表蛋白质代谢的黑色墨汁、展现犹大这个出卖耶稣又因出卖而使自己获罪的比喻的罪犯的头颅、来自"汉堡灯塔救济所"的希腊酸奶和香槟、被"放血"的羊羔和地上终于擦不掉的血迹……环环紧扣又张弛有度。当代表被束缚的树和一名女子留在场上时,解说词道:"一名16岁的体操运动员失去了自己的妹妹,并被圣女小德兰的文字深深感动,决心献身于祈祷。 她以玛丽亚为名字,进入亚琛的加尔默罗会成为修女。 台上的女子逐一脱掉鞋子、裙子、外套,只剩下白色三点式内衣,趴进一个跪立的人形模具,由人盖上红毯,再把模具关闭。"当解说陈述玛丽亚结束了41年隐居的宗教生活后,她不愿解释自己的决定同时也不再用玛丽亚这个名字时,她披着红毯从打开的模具里走了出来。这个基于白色服装的转变从视知觉的心理层面"既是对人的软弱的鞭笞,又构建了理解和宽容,也或者是对信仰的反讽"。在茫茫白色虚无的铺陈后,红色现出了它色彩心理学层面的多重意义。(图3)

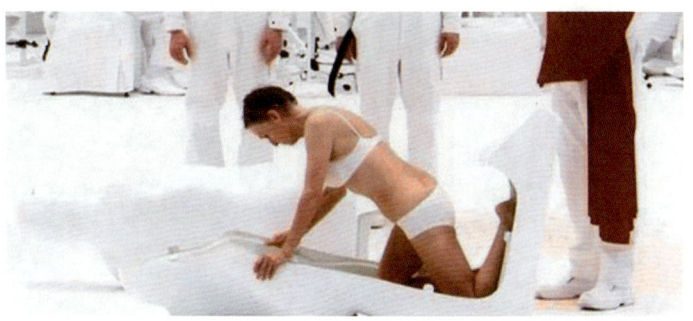

图3 《马太受难曲》

在《马太受难曲》最后一个场景"约成"中。饰演福音宣讲人的博斯特里奇走到舞台中央,举起呐喊的面具又放下,脱下了他一开始就有的蓝色披肩,露出他的白色衣服,踏入演员的行列,取得了与指挥家对等的地位,成为整场演出的终结者。(图4)

卡斯特鲁奇通过白色的人物形象建立了具有严肃意义的宗教气氛,通过对白色画面的"着色"来强调某些角色,建立观众眼前的画面被"擦净"的不安定感受和期待捕捉情节如何发展的心理,从而从个人心理层面被卡斯特鲁奇引导进"细节的图像"的表现。这个宏观的"有目的的渲染"方式使观众不但没有从白色的重复中忽略每个人的行动,反而激发观众观察每一个人在这个白茫茫世界里的样子,寻找与自己有关的信息。因此,卡斯特鲁奇绝不是盲目而安全地使用白色(似乎很多人在风格处理上都试图尝试让自

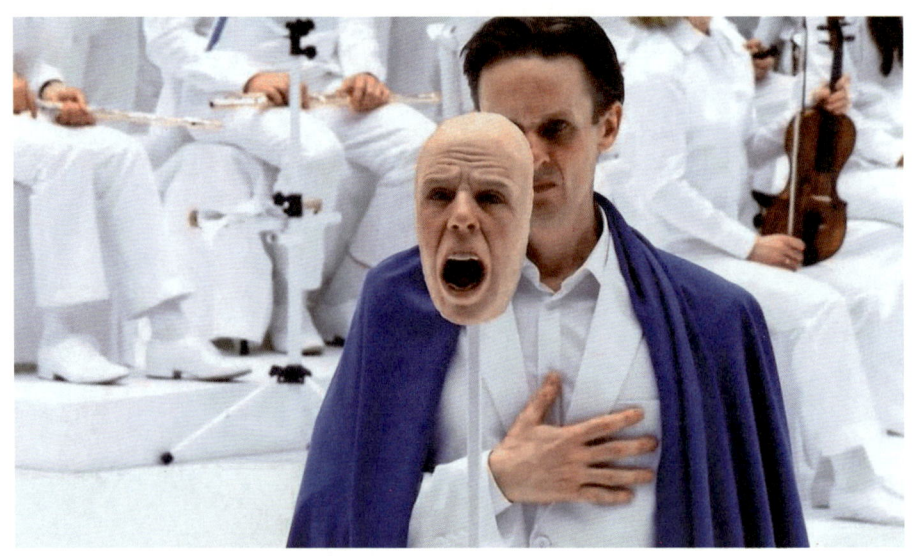

图4 《马太受难曲》之"约成"

己的设计"失色"成为白色，而构建盲目的样式）。他的白色是一种真正的色彩，也可能是关于"透明"或者"挖空"的存在。比如《上帝之子与白色面庞的概念》中的父子，在人们朝上帝之子投掷的时候，父亲和儿子的白色几乎可以理解为是卡斯特鲁奇画面中被"挖去"的部分。而在污秽物面前，白色服装的儿子和父亲的形象更成为构成观众视觉层面不快的重要原因，人类对于精神层面的高傲、自洁，对现实的埋怨、无奈，在粪便面前毫无因果关系又有密切的联系。白色不是一个中性的色彩视像，而是导演对于图像细节敏锐的认知后做出的选择。

  白色在卡斯特鲁奇的人物塑造上的情绪是丰富而渐进的。在他的歌剧《莎乐美》中，美丽的、充满生机的少女莎乐美在母亲的怂恿下，命人砍下了施洗约翰的头，她趴在施洗约翰赤裸的身体的模具上，表现自己的爱欲。这个少女爱欲的逐渐失控在服装的表达上是如此呈现的：黑色短发的莎乐美穿着有光泽的白色缎面的相对优雅的长外套，背后臀部坐下的位置染上了女性的经血，在情节不断发展中她脱下外套露出里面白色柔软的吊带睡裙，展现出女性身体的曲线。卡斯特鲁奇并没有像其他人那样一开始就强调莎乐美冷艳的容貌，性感的身材，甚至裸露的双乳，等等，就像他处理《唐豪瑟》中的维纳斯是一堆油腻的巨大堆积的脂肪一样，他忽略了角色在故事中外在的美，用渗透在白色衣服上的经血表现她少女的成熟，也强调了将约翰杀死后性感的身体展示在观众面前却无处宣泄欲望的模样。被"白色牛奶"浸淫下湿漉漉的内裙令人憎恶，将本来纯洁的白色转化为"可憎的、可怜的、可怖的、被消解"的感知。（图 5）

  卡斯特鲁奇选择荷尔德林的戏剧语言诠释《俄狄浦斯》，但他拒绝强调《俄狄浦斯》古老文本中感伤的一面，他认为感伤是犬儒哲学的另一面。他选择女性来扮演俄狄浦斯：她掀开纱幕，走向台口，我们感觉她不仅仅是走

图5 《莎乐美》

到台前,而是一直走到了我们眼前,就像一个演员走出了银幕。我们似乎听到自己的心在跳。"第五堵墙"产生了令人惊奇的额外效果。卡斯特鲁奇曾说:"一个好的演出应该使它自身凝结于图像之中。"他的这种美学努力,当然也体现在黑色纱幕撤掉之后:遮蔽的半个舞台被完全打开,舞台变成一大片的雪白,宛若"雪洞"。由女性扮演的俄狄浦斯穿白袍站在高高的、仿佛神龛一样的圆拱形中,她袒露了一个乳房,并且摆出耶稣基督的姿态,双臂弯曲,自然伸向两边。(图6、图7)

卡斯特鲁奇用女性的精致、身体的克制、目光的纯净来塑造酒神特征的"俄狄浦斯",使得俄狄浦斯的悲剧宿命的一面显得崇高而欢快。在他的作品的前一部分黑色调和后一部分白色调的故事场景处理中,大面积的白色的修女服装和白色旗子,一点点金色、一点点红色的床腿,一件蓝色的衣服的

图6 《俄狄浦斯》

图7 《俄狄浦斯》

画面构成，体现了荷尔德林诗句里——"在柔媚的湛蓝中，教堂钟楼盛开金属尖顶"一般令人着迷的景象。这就是卡斯特鲁奇式的《俄狄浦斯》，唯有在内心深处构建起具有个人精神世界的经典人物的视角，才可能对这个人物造型形成真正有价值的形式。白色的战略再次发挥了它自身的多义性：缄默、癫狂、痛苦而欢乐的底蕴。

当然，卡斯特鲁奇在作品中的白色战略还可以继续详细地描述下去，以上例证是大家相对熟悉的几部作品，易于马上和我的"成见"联系起来，他的《创世纪·来自睡眠博物馆》《恺撒大帝》《摩西与亚伦》《魔笛》等等作品中都对白色有非凡的构建能力。这也许正是取决于他对于宗教的认识、对图像与图画的区分、对于拉斐尔美学的深入认识以及他天才的"灵见"吧。

总结

舞台服装的设计不单是对于戏剧人物的把握，它涉及对戏剧本身的认识程度，对于舞台美术总体的构建能力，对剧场艺术、对艺术本身观念的不断掌握和发展。不同的艺术家对于戏剧有不同的认识，卡斯特鲁奇无疑是"后现代剧场"把控空间和时间造型艺术的天才，也是他对信仰和自身的审视的结果。也许，唯有像他这样，才能发现个体对于艺术的需要，而不是艺术需要个体。这样建立的认知才可能在形而上的视觉世界里，找到我们那根敏感的知觉神经，才能构建准确的"人"的形式。哪怕只是白色，都可能是一首绝世空灵的诗。

浅谈风景写生构图

吕修峰　侯　伟

绘画中的写生是以表现直观形象和画者直觉感受为特点的视觉艺术形式。画家在作品中，可以通过线条、明暗、色彩构成的形象使观众理解他的表现意图。风景写生是绘画写生方式之一，写生之"写"是指作画过程，包括观察、构图、语言技法等。"生"则是外界视觉元素给画家的生动、生气和千变万化的新鲜感受，是心灵与自然的交流，是每幅画的魂之所在。贡布里希就曾在《艺术的故事》一书中谈道："埃及人大画他们知道（knew）确实存在的东西，希腊人大画他们看见（saw）的东西；而在中世纪，艺术家们还懂得在画中表现他感觉（felt）到的东西。"[1] 写生中就包含有看见（saw）、感觉（felt）、知道（knew）几个要素。

风景写生是一件十分艰难的事情，它要求人全身心地投入。写生过程中不应只限于照抄形象，描绘过程中，不仅描绘对象，也是描绘者自身深切的观怀、愿望和欢愉，是一种精神的表达，是一种情绪。所以画的时候应该是思绪去与自然接触，来唤醒自我的本能和艺术的激情。每位艺术家都摆脱不了对于自然"真实"的依赖性，这里所说的"真实"包含了两个方面的含义：一方面是指物理的真实——存在于现实空间中的物质形态，如人、

---

[1] ［英］贡布里希：《艺术的故事》，范景中译，广西美术出版社2008年版，第165页。

物、景色等;另一方面是指艺术的"真实"——采用造型语言将物理真实主观化、情绪化后的"真实"。

画好一张风景写生需要造型、色彩等许多要素,"形"与"色"构成画面,对"形"与"色"的不同表现呈现出不同画面效果。"形"和"色"之间的对比变化可能会使人陷入表象的琐碎细节中和可以照抄具象的乐趣中。所以,"写生"不能仅限于"具象"中,写生中提炼事物本质的方法,隐藏在如何看和如何想这些不可见的要素中,更多时候是考虑形与色在画面上的布局构成的美感。根据实际教学经验,本文浅谈一下风景写生中"看"(选景)和"想"(布局与构图)的问题。

一、选景

选景是一个直观视觉行为,也是风景写生中关键的一步。比选景更为普及的说法是取景,本文为什么不用取景而用选景一说呢?取景是指摄影或写生时选取景物做对象,取景源自摄影术语,是通过镜头或取景器框定眼前景物,有天然的边界存在。选景与取景一字之差,其字面意思是选取进入画面的景物。"选"是选择,用肉眼对景物进行裁切。人眼是"双视野"成像,与相机镜头是"单视野"成像原理不同。在双视野下,物体立体感、层次更加丰富,是镜头的单视野成像不可比拟的。但由于动态的观察易产生视错觉,写生中对错觉的累加和修正成为写生绘画最迷人之处。因此,写生包含了如何从自然中截取一段风景之方法,暗含主观能动性的选景一词更为精当。

每人的一双眼睛都在看东西,然而"看到"和"看出"有本质的区别。物象映入眼帘是物理现象和人的生理反应,物象映入眼帘后大脑的判断才是

"看出"堂奥的根本，也是艺术家不同于普通人之处，正合古人"外师造化，中得心源"之意。这个"造化"指的是我们所处的客观世界，在自然界中本来就存在着的；"得心源"是找出自然中各种各样的节奏、韵律和结构。自然广阔而繁复，在连绵不断的景物中如何筛选、截取是关键。从风景画教学实践中可知，选景不是件容易的事，并不是什么都可以入画，一切可以引起视觉冲动和想象的景物和图像都会多多少少地冲击着人的神经。景亦不只是山山水水，所选景物一要入眼、二要动心才好，不得马虎应付！如果眼前景物连自己都觉兴味索然，何谈打动别人呢？

  选景最主要的任务，就是集中地、突出地表现主要元素，避开一切与之无关的分散注意力的杂乱元素。很多时候那些转瞬即逝的感觉需要寻找，在脑海里会浮现一种模糊的印记，要马上抓住它，努力地使这些模糊的印记变得清晰起来。并非每一位画者都具备一双善于发现美的眼睛，很多时候人们会因忽视自然的内在秩序之美而错过身边的美景。尤其对初学者，因各方面实际经验也不够，所以更容易出现这种情况。当面对各种复杂的场景时，往往会感到无从下手。只有通过不断实践，掌握选景的各种技巧方法，才能为接下来的画面布局奠定基础。自然景物虽然繁复多姿，但概括起来无非天地景三大块，远景、中景、近景三种景深，俯视、平视、仰视三类视角。如果所要表现的是局部，则可取近景或特写；如果展示特定情景，则可取全景或中景；如果要表现环境气氛、较大场面，那么就应取远景或全景。用平视视角可以反映景物的规模和面貌；俯视视角是自上向下，视角范围很广阔；仰视视角是从下向上，是用来表现景物的高大。

  以上仅是选景的几个常规办法。有过户外写生经验的人都知道，画面常常受到自己所选景物的局限，自然景物并非都尽如人愿。多么美的景物都不一定是完美的，我们在选景的时候就是要取美而舍丑，甚至是夸张其美。有时候还要"移景",即把其他地方符合主题的理想景物移来作为陪衬。"一千个读者就有一千个哈姆雷特",同理,一千个艺术家对同一种景象也会有一千种表达。每人都有着不一样的观看世界的方式和不同的审美情趣,于是在选择的过程当中,不同的人会选取不同的视觉信息。情由景生,触景生情,有感而发。自然是鲜活的充满灵性的,只有被这鲜活吸引,懂得那种真实的生生息息,才能直指人心,让所选景物感人至深。一次大画家柯罗在画画,他的一位朋友过来观看,看到画面他朋友非常惊讶地说:"大师,这里有一棵树,你怎么不画这棵树呢?"柯罗回答:"哪里有树?"有才华的画家,首先表现在不同的观看方式,如何观看和画什么决定画面表达的意境。

二、布局

布局是画者在孕育和创作作品的过程中所进行的思维活动,这种思维活动是在作者想象中形成的、贯穿着一定思想的关于作品的内容和形式的总观念,又称"构思"。构思有着更宽泛的语义,许多创造性的艺术活动都需要构思这种思考方式,对绘画写生而言,即对特定的视觉元素剪裁取舍,使用"布局"一词似乎更为贴切。

中国画有"意在笔先"打腹稿之说,"意在笔先"确实在写生中有重要意义。谢赫的"六法论"提出"经营位置",经营位置就是谋篇布局。为什么不说分布位置而称经营位置?说明作画要动脑筋安排画面。为此,首先要尊重的就是自己的视觉感受,从客观自然对象所提供的视觉信息当中,寻找出具有视觉价值和精神价值的元素来建构自己的画面。布局时既包含本来的视觉信息,也包构想象世界的虚构信息。即是说,当画者在作品中对某物进行再现之时，除了再现之物本身的信息，也包含外在于其本身的世界之中的信息。而艺术作品中所有信息的总和传达着艺术家所要表达的情感。

　　高质量地完成一幅风景画往往需要消耗作画者巨大的脑力和体力，画者不一定有大量的时间、体力寻找最理想的美景，如果将过多的时间与精力用在选景的过程会错过许多作画的最佳时间。明代画家李日华说："大都画法以布置意象为第一。"可见选好景物还不算万事大吉，紧跟着要研究主体部分放在哪里，次要部分如何搭配得宜，甚至细节都要反复推敲，可以没有画到，但不可没有考虑到，这种推敲布置的过程即是布局。布局着眼于画面的整体关系，合理安排选取景物，选景与布局两者紧密联系，互相影响。所谓"运筹帷幄之中，决胜千里之外"。在想象中预演一番，怎样确立画面中心主体物，怎样使周围景物对中心的陪衬、取舍、增减、挪移更理想，这个过程其实就是观察和比较的过程。不要奢望十全十美的景，而要学会在绘画中应对各种各样的情况。只有在选景过程中有布局意识，并以布局眼光指导选景，才有可能取得成功，画出引起观者共鸣的好作品。

三、构图

　　马蒂斯在谈及画家与描绘对象之间的关系时，曾有过这样的论述："我们对此抱有更高的观念，通过它，画家表现他们内心的景象，我从自然中拿我所需要的东西，某种能够暗示出我思想的、相当有说服力的表现。我极大地联合所有的效果，通过描绘、通过色彩协调它们……这是一个沉思与合并的漫长过程。"马蒂斯所言"沉思与合并的漫长过程"，意指如何把点、线、面等要素最合理地安排在画幅中以获得最佳效果。东晋时期的顾恺之就在其《论画》中提出"若以临见妙裁，寻其置陈布势，是达画之变也"。"置陈布势"之说是中国最早的绘画构图理论。"置陈"指形象位置的安排，也就是决定各个形、色在画面中的位置所在。布，布局；势，气势。"布势"就是体现气势的骨架分布，也就是内在"力"的交流、汇合、运。把这种构建落实到画面是构图的主要手段。

"构图"是造型艺术的专有名词，它是指画家在有限的空间或平面里，对自己所要表现的形象进行组织，形成整个空间或平面的特定结构。通过这样的艺术加工和构成，取得恰如其分的艺术效果，借以实现艺术家的表现意图。它包括的范围很宽，有绘画、雕塑、工艺美术、电影和摄影的画面、舞台设计，甚至涉及建筑艺术。在绘画中，"构图"即指画面的结构，一般是指形象在画面中占有的位置和在空间中形成的画面分割形式，同时也包括线条、明暗、色彩等等在画面结构关系中的组织形式。构图是绘画作品重要的表现手段之一。

一个不同寻常的构图会不断地吸引人的目光，是把各种不同的景物，有选择地、合理地安排在有限的画面中，使画面富有艺术美感。一件好的作品是在不断破坏和建立的过程中完成的，它的完成停留在画面的平衡、线条的节奏达到"和"的状态，画面整体便呈现出了源于生活却高于生活的艺术美感。构图是从自然规律中概括提炼出构成画面所需的形象与素材，并对其进行整体布局和统筹安排，通过选取适当的景物并将它们进行组合、配置、对比，在有限的画面内对所需表现的物体、空间进行组织并构成画面的形式。当画面最终达到平衡时，会惊喜地发现所表达的自然是一个十分可贵的有生命力的自然，获得的作品是一个鲜活的刻意求不得的作品。

风景写生确实不是技巧，但要通过被称为技巧的东西来表达。画面创作并不如此简单，构图方法并非无迹可寻，一些公认的构图法则会对写生构图有指导意义和使用价值，包括：形象在空间中的位置、形象在空间中的大小、形象之间的组合关系及分隔形式、形象与空间的组合关系及分隔形式、形象视觉感受、运用形式美法则。这些法则是为了将具体形象符号化，通过抽象的点、线、面组合，尝试着用一些拆解重构的方法来对形体进行表达。通过这种表达，集中、优选某些信息的同时，剔除不需要的信息，然后再进行艺术加工，最终使得画面中所塑造出的形象最大限度地容纳精神内涵。

结构线和基本形是构图的主要构成形式因素，分割画面的主要长线有：竖线、横线、斜线、折线、波浪线。画面表现形象主体组合的基本形状有：三角形、圆形、断环形、放射形、旋形、同心圆、十字形、栅栏形、"S"形等。

构图的形式美法则：均衡与对称、渐次与重复、对比与调和、比例与尺度、节奏与韵律、客体与主体、微差与统调、特异与秩序。

囿于篇幅，在此对提及的法则不逐一展开讨论，这些构图的基本法则只有通过大量实践才能内化为自身修养。

总之，选景、布局和构图看似一体，实则不同，选景依赖直接的视觉经验和先验的审美感受，布局则是基于视觉经验下的心理判断，把直观视觉中的物态转换为内心视像，布局是外在视像的内心构建，是由具象视像到抽象元素的构建，思维也是由感性思维转换为抽象思维。选取的景物就构成了画面的基本内容，也就是说选景实际上是为布局提供了素材和原材料，选好景实际是为布局乃至整幅画的成功打下基础。构图则含有选景与布局之意。而画面布局是视觉经验之后、实践之前的构建活动，承接选景直观视觉经验，开启构图抽象思维之门。布局能让人从视觉到感觉到思辨，进而到构图。构图时将视觉元素同化进自身之中，最后再外化到纸面之上，通过画面传达给观众。画家笔下有着独立鲜活的形象，蕴藏着自身的主观精神和灵魂。

结语

我们常说要提高艺术修养，所谓"艺术修养"，就是对艺术表现规律的认识。对艺术表现规律的认识，也并非盲目的、单纯的技术训练所能达到，理论修养是掌握艺术表现规律的关键。画家通过"摹仿"的天性，使自己对形象的表现达到一定的水平；造型和表现都有一定的方法，只要认真学习，通过一定时间的技术磨炼，便能在一定程度上解决表现问题；每个人都有"感觉"，尤其是天生感觉好的人，往往比较容易在不自觉的情况下达到一定的水平，有一些画面效果。这使人们产生一种误解：似乎只要有很好的感觉，又掌握一些绘画技巧，就可以成为一位优秀的画家，而理论的研究并不重要。显然这种观点是错误的，只有"知其所以然"才能更好地"知其然"，只有结合理论细心揣摩大师们的作品，对画面结构的理解才能有更深入的认识。通过这些绘画技巧，最后呈现出由于视觉的碰撞而给人带来心灵愉悦的画面，才是最理想的效果。画家的语言形式与画面风格的形成是自然而然的，体现着这个画家所具有的气质和感悟力。画中的笔迹是艺术家纯粹内心世界的外在表现，是画家的眼、手、心与客观物象交汇时所迸发出的电光石火。这样的写生风景不仅仅是对于视觉意象的记录，还创造出了非客观世界所能见的新的视觉形象，表现出了不可思议的源于真实生活的艺术真实之美。

写实类舞台布景 CG 效果图制作案例分析

罗丽华

写实类布景在舞台上尤其是话剧舞台上是常用的一种布景样式，根据戏剧的要求、需要向观众直接展现社会生活情景，舞台上写实地再现室内室外环境，如屋内、院落内、楼房一角、花园、村头、林中、海边等。应用 CG（computer graphics）技术进行辅助设计，模拟真实的布景、道具、灯效，渲染出符合剧中人物生活环境和精神气质的氛围，在写实类舞台布景效果图绘制中独具优势。本文选取多年教学中的话剧舞台布景效果图作业作案例分析，探讨写实类舞台布景 CG 效果图的艺术表达和技术关系。

艺术源于生活，但高于生活。哪怕是写实类舞台布景也不是完全地把生活场景搬到舞台上，而是通过艺术选择、提炼、加工后高于生活写实的真实。舞台空间是有限的，设计者需要选取那些最有代表性的景物和道具，为戏剧人物创造出一个虚构的生活空间，为演员提供表演的空间。而无论布景造型多么逼真，创造出来的都不是真正的生活空间，而是一个传达美感的审美空间。所以，在设计构思中要抓住布景造型的典型化、生活环境的真实感、戏剧艺术氛围传达这三点；在 CG 绘制表达中，从三维模型建造、材质，到灯效、渲染各环节也都要紧紧围绕这几点来表现。

图 1 和图 2 分别为不同的学生设计的茶馆场景，都是表现写实的生活场景类型。这一类三维场景建模的难点不在于某单个模型的复杂程度，而在于整体和局部的模型比例关系以及细节的把握。材质一般都只采用简单的

图1 《茶馆》作业1

图2 《茶馆》作业2

漫反射贴图，注意贴图纹理处理、贴图比例和位置的调整，注意贴图色调的协调。这两例中的灯效也都设置为普通的日光效果，模拟自然光线的漫反射。图3《北京人》作业中对于布景中各部分模型之间的比例关系和细节的把握能力表现得更为扎实，通过各结构的粗细变化，使得场景模型的空间层次感很强。图4《名优之死》作业场景也表现出对各部分比例的综合把控能力，材质贴图色调的处理做到既有对比有色彩层次，又能相对协调呼应。图5《麦克白》作业中通过舞台地面黑白棋盘格纹理的灰旧颗粒尘土感、灰暗厚重的带腐蚀粗糙感的金属景片展示城堡或战场场景，契合剧中权力和野心腐蚀人心的悲剧主题，营造出阴暗、神秘、悲惨的戏剧氛围。

接下来，以学生作业独幕剧话剧《原野》为例，详细解析其布景效果图设计绘制过程。

图3 《北京人》作业

图4 《名优之死》作业　　　　　　　　　　　图5 《麦克白》作业

一、设计构思和准备

《原野》是曹禺先生创作的写实话剧，描绘了一群生活在原野上的人们，展示了他们之间的爱恨情仇、欲望和挣扎，揭示了人性的多面性和复杂性。通过剧本分析，结合其风格与话剧的特征，舞台布景选择写实的样式，大环境为民国时期北方农村的生活环境。

首先需要对民国时期北方农村的生活样貌进行大量文字、图片的素材搜集、整理和分析，提炼需要的形象特征，选取那些最有代表性的景物和道具进行布景设计。根据地域特征、时代特征，选择用木结构为主、砖石结构为辅的单层农村平房为舞台布景主体框架。但这是一个军阀之家，区别于当时普通的北方农村家庭，其建筑风格还需讲究一些。所以设计者选择了房梁和木质隔断为形象种子，房梁是房屋的主体结构，即能体现出地域特点，又能连接整个舞台，重点体现其连贯性，使布景舞台形成一个整体结构，不至于太碎太分散。木质的隔断放在舞台偏右处，这样能更好地分割空间，使整个舞台分成两个大区域几个小区域。在不破坏黄金演区的条件下分为以桌子为中心的主演区与以香炉为中心的副演区。根据剧本提示，此剧有三个门：房屋大门、两个卧室门，所以把三个门放在三面不同的墙上。大门调度最多，所以大门单独占用一面墙，而且在比较好的位置。总之，《原野》的舞台布景设计首先尊重剧本的内容调度，尊重剧本的地域特征、形

图6 《原野》作业

特征,然后结合房屋结构设计,在体现整体效果的前提下把场景细节做足。

基于上述构思和分析,在开始CG效果图绘制前还需要分析参考资料,包括形状、线条、颜色、图案、表面细节、功能和与场景中其他物体的关系等等,对场景做CG技术规划和准备。先确定舞台布景造型中要把控的大的空间比例关系,再对布景造型中需要表现的不同层次的细节进行划分,从大细节到中、小、微表面细节,分析哪些细节可能会被增强或更改,哪些细节可以简化,从而选择不同的CG技术来综合绘制表现。还有哪些模型建造需要深入什么样的细节程度,哪些需要高质量的材质和纹理,哪些可以用景片或贴图来表现,在建模、材质、灯效、渲染、后期处理中如何互相呼应衔接。做好这些技术规划后,确定建模比例尺寸,准备方案草图、基本的参考图片和贴图素材等,就可以开始着手绘制了。话剧《原野》最终布景效果如图6所示。

二、布景模型与材质

《原野》的布景模型的建造整体不复杂,对建模细节要求不高。可根据布景结构分组进行,再进行场景整合,难点在于整体和局部模型空间的比例关系及空间比例层次的把握。

从左边的墙开始做,先做出大结构的柱子,即最上面的横檩、门两边竖

图7 《原野》布景模型1　　　　　　　　　　图8 《原野》布景模型2

柱子。因为这样这面墙的高和宽就定下来了。然后再做两边窗子中间的门，根据模型的尺寸把比例调整好，如图7所示。同理把其他几面墙也做出来，如图8所示。在尺寸的基础上也要参考房屋的结构。

桌椅板凳根据时代风格参考图进行多边形边面建模，做出一个后可批量复制修改。香炉桌子比较复杂，顶部有异形，可以先用线在顶视图中画出来，然后挤出。如图9所示。

其他小道具可以从资源库中选择下载造型风格接近的模型，然后进行编辑修改。一些离台口较远的小布景和道具对细节表现要求不高，比如后墙的玉米串、军阀画像、对联年画等，可以选择透贴的方式制作。

总之，大的门窗墙建筑要把细节做足，小道具把握整体风格样式。舞台整体布景模型分布顶视图和前视图如图10所示。

该场景模型的材质大部分都是应用漫反射贴图完成，重点在于贴图处理，选择合适的贴图纹理素材，再根据需要添加划痕、污渍、灰尘等老化做

图9 《原野》布景模型3

图10 《原野》布景模型顶视图和前视图

图11 《原野》地板假透视贴图

旧效果,需注意调整贴图比例和贴图坐标,注意贴图色调的处理。值得一提的是,场景中的地板假透视效果需专门根据需要制作贴图,如图11所示。在图像处理软件中对地板贴图进行编辑,包括砖块尺寸、假透视形态,分别做成纹理贴图和透明贴图。在三维软件中创建立方体,选择所需的面进行材质贴图。如果与模型差别较大,再对贴图进行编辑调整,如果差别较小,也可用多边形工具调整立方体模型的尺寸,使地板砖与模型尺寸相匹配。

三、灯效与渲染

虽是写实题材的话剧,其灯效可相对写实也可更为写意,灯光可以把布景组织起来,并赋予它生命。灯光和阴影对于营造戏剧氛围至关重要,可使用柔和的全局光照和逼真的阴影效果来模拟真实的光影环境,也可使用目标聚光灯对灯光位置、角度、亮度、颜色、落点等进行更为细致的设置，来渲染烘托舞台戏剧氛围。采用全局光照自动计算的方式来实现真实光影使操作变得高效，但灯效变化的可控性变差；采用纯手动布光的方式能塑造更具戏剧性的灯效，但需要注意每盏灯的衰减设置、灯与灯之间的衔接，来模拟自然的明暗变化。通常我们以手动布光为主，根据需要来选择是否加全局光照，或加多少。

《原野》舞台布景未设置灯效如图 12 所示。

先铺一个大的环境光，如图 13 所示。

根据剧本及设计构思，把重要的演区打亮，例如桌子、香炉、"人像"照片，这些地方一定要突出，在看着舒服的条件下尽量亮一些。再找到次重点的地方，这些灯要比前面的灯弱一些，比如家具、墙面、房屋结构等，让这些跟主要位置衔接好，不要有过于明显的灯光痕迹。最后给一些补光，比如阴影、死黑的地方，让整个舞台灯效主次突出，明暗变化自然过渡。灯位及效果如图 14 所示。

窗外打进来的光用体积光与远区衰减、近区衰减即可做到，简单易学出效果。灯位及效果如图 15 所示。总体来说，布光跟绘画类似，先突出重点、主次关系，时刻要做到兼顾整体和局部。

写实类舞台布景 CG 效果图的绘制技术要点涉及多个方面，包括建模、材质和纹理、灯光和阴影、物理效果、细节处理、渲染和后期处理等。这些技术要点需要相互配合，才能创建出逼真的场景效果。写实本身也是一种风格化形式，写实程度是相对的，当前基于物理的渲染（PBR）技术的发展，为 CG 场景带来颠覆性的渲染真实感体验。但写实类舞台布景不仅仅是再现生活真实，更为重要的是戏剧表演审美空间的营造，所有真实感的表达都要紧扣这一点来进行。

图12 《原野》布景模型全景

图13 《原野》环境光铺设

图14 《原野》布光示意1

图15 《原野》布光示意2

浅析数字绘画的发展与风格变迁

张一鸣

一、数字绘画的发展历史

最早的数字图像概念雏形可以追溯到 1950 年，一位名叫本杰明·拉普斯基的美国科学家利用晶体管计算机创作了一幅名为 "Electronic Abstractions" 的黑白图像作品，这也成为世界上第一幅数字图像作品。1964 年 8 月，美国加利福尼亚州圣莫尼卡市兰德公司的戴维斯先生和埃利斯先生发布了兰德手绘平板，兰德平板被誉为最早的数字绘画平板，标志着数字绘画的开端。从那之后，数位板、数字绘画等名词渐渐进入人们的视野，大量的艺术家和经营者进入数字绘画市场，数字绘画市场得到大力发展。

在众多生产商中最负盛名的便是日本 Wacom 公司，在 20 世纪 80 年代发明了世界上第一块电磁式感应数位板，笔尖在数位板上的移动通过磁场信号传递到数位板上，从而实现了对倾斜角度和触压强度的仿真模拟。该创新技术可以说是一次历史性的飞跃，它使得数位板绘画更加贴近真实世界的绘画模式，大大推进了数字绘画技术的普及，至今 Wacom 公司仍然是世界上最著名的数位板生产厂商之一。

2005 年，Wacom 公司推出了新帝数位屏，创作者可以直接在电脑屏幕上进行绘制，打破了之前使用数位板绘制时，手在数位板绘制，在电脑屏幕上观看绘制结果的机制，将数字绘画和现实绘画的差距再次拉近。为了使数位板更加便携，摆脱电脑的束缚，Wacom 公司在随后推出了数位屏独立电脑产品，该产品将数位屏和电脑结合，打破之前依赖办公电脑才能进行创作的壁垒，让数字艺术创作可以随时随地进行。

2015 年第一代 Apple Pencil 伴随着强大的 iPad Pro 一起问世，iPad Pro 体积很小但是性能卓越，配合第一代 Apple Pencil 笔触流畅，丝毫不会卡顿，这让数字绘画彻底摆脱了对于庞大电脑的依赖。一个小小的 iPad 便可以支撑创作者的创作，不受空间限制地放飞自己的想象。

伴随着数字绘画设备的不断升级，数字绘画软件也在飞速发展。每年都有新的新奇的功能问世，加快艺术家的创作效率，更新艺术家的创作手法。计算机强大的复制能力，大大加强了艺术家对于作品的把控力，与传统媒介相比容错率大大加强。此外数字软件带来图层的概念，图层叠加的概念也在潜移默化地更改着人们的创作方式和思维方式。

数字软件、数字绘画平台的发展，与信息传播平台的发展不谋而合，两者都在科技升级的加持下变得更加的小巧便捷。信息传播平台从最开始的电视媒体，到 20 世纪 70 年代兴起的电脑互联网，再到现在的移动互联网，便携、快捷、高效成为科技发展的代名词，所带来的人们观看、体验、感受事物的变革不可阻挡。相信在不久的将来，更加复杂的数字创意机制例如 3D 雕刻、3D 建模、贴图绘制、特效制作等将会更多地与移动设备接轨，大大解放人们创作的空间壁垒，让人们的想象力飞得更高更远。

二、数字绘画的风格演变

在数字绘画技术成熟之后，人们开始不断探索数字绘画风格和技术创新。最早的数字绘画风格单纯地将现实绘画的理论和画法搬运到电脑上。

传统油画和数字绘画的美妙的结合，带来新的审美倾向，让人眼前一亮。古典时期的绘画理论和技法被数字绘画技术披上了新的外衣，刹那间刮起了一场"数字文艺复兴"，这与当时崇尚极简、几何和概念的当代艺术市场形成了鲜明的对比。这一时期涌现出非常多杰出的数字艺术家和艺术作品，美国艺术家克雷格·穆林斯的作品便是这一时期的杰出代表，穆林斯的作品概括、生动、逼真，成为各大平台的宠儿，引得众多数字绘画爱好者争相学习。注重基础，学习透视、光影、色彩基本原理的风潮逐渐在数字绘画圈展开。

相较于传统绘画，数字绘画方便修改；绿色环保，无须现实中的材料进行绘制，便于创作者不断尝试不同的奇思妙想。这一特点被诸多设计行业挖掘，起初数字绘画最早融入的主要是电影和游戏行业。概念设计师这个神秘的行业不断崛起，渐渐伴随着数字绘画技术的不断完善被人们熟知。概念设计师就是在电影、游戏设计初期利用造型技巧来表达概念，确定创意主题的艺术家。概念设计师需要进行大量的创意输出，这与数字绘画的特点不谋而合。数字绘画之父穆林斯的很多画稿就是为游戏、电影设定的概念稿，用于确定作品最终的整体色调和风格。

伴随着概念设计师行业的不断兴起，一种属于概念设计师的风格逐渐形成，数字绘画在具备艺术欣赏属性的同时，具备了说明属性和服务属性。针对服务属性，更加高效的创作手法也得到发展，Matte Painting、Photo-bashing 等利用照片进行创作的方式逐渐普及。利用照片可以快速增加画面的可信度，更好地感知电影或者游戏的场景，这些技术逐渐发展，形成了一种特有的艺术风格。

随着电脑硬件运算能力的升级，以前需要花费重金建立工作站才能完成的 3D 工作，现在使用家用笔记本便可以轻松完成。3D 技术已经逐渐普及，甚至在 iPad 上面都有了各种 3D 数字软件，例如：数字雕刻软件 Nomad、专业的曲线建模软件 Shaper 3D。3D 软件的普及使得 3D 辅助 2D 进行创作成为新风尚，结合照片、3D，手绘的数字创作形式成为当下数字绘画的基石，不断孕育着全新的风格和潮流。

数字绘画创作平台不断便携化，互联网蓬勃发展，创作和学习数字绘画的成本不断降低。数字绘画正式进入一个不断探索时期，越来越多的人拿起画笔，进行创作。数字绘画渐渐地延伸到各个领域，也推动着某些新事物的萌芽。以动画、动漫角色和故事为基础的同人文化、ACG 文化、二次元文化快速发展。二次元指的是二维世界、平面世界，有别于三维现实世界，二次元文化含有一种生活在幻想世界的意味，也由此派生出了御宅族这种特别的生活方式。以日本动漫的传统技法为基础，结合当下数字绘画技术，二次元绘画已经形成了一种鲜明的艺术风格，在世界范围内收获无数粉丝。二次元文化的追求者不单单是被画面吸引，其角色背后的思想、故事才是二次元文化的灵魂。受到当下短视频、网红、造星文化的影响，想要让数字绘画本身产生文化价值，注重故事和 IP 构建逐渐成为数字艺术流行的关键。观众更加注重参与感、归属感，以及整体体验。单一的、不成体系的数字绘画逐渐受到冲击。

三、非同质化代币 NFT

数字绘画相较于传统媒介有着十分明显的优势，但是其缺点也十分突出。数字绘画不具备唯一属性，它可以被无限复制，欣赏数字绘画不需要支付门票去美术馆，直接在电脑屏幕上便可以欣赏，这一特点就导致了数字艺术家和传统艺术家的发展截然不同。比起传统艺术家动辄几十上百万、多则上千万上亿的天价作品不同，数字艺术家只能通过售卖作品限量印刷品换取利润，作品大都售价低廉，这就导致了售卖印刷品无法成为数字艺术家的主要生存来源，所以数字艺术家大都渗透到别的工作中，成为社会其他行业中的视觉输出者。

但是近期，数字绘画的虚拟属性与区块链概念发生碰撞，一时间 NFT——非同质化代币等名词成为数字艺术圈的新风尚。2021 年 8 月 28 日，NBA 篮球巨星斯蒂芬·库里花费 180000 美元在 Bored Ape Yacht Club 购买了基于以太坊的非同质化代币，从而加入了数字资产热潮。随后库里还通过更新他在社交媒体推特上的个人资料照片来宣布这一消息。他所购买的 NFT 是一只看起来很无聊的蓝毛猿，穿着一件棕褐色粗花呢套装，与比特币的概念十分类似，非同质化代币（NFT）是一种无法复制、替代或细分的唯一数字标识符，它记录在区块链中，通过数字加密的手法，证明数字艺术作品的真实性和所有权。通过这一手法，使得本来可以无限复制和传播的数字艺术作品，具有了和传统媒介作品一样的识别度和稀缺性，从而增加作品的价值。

拥有作品的 NFT 相当于拥有了艺术作品的原作，可以说 NFT 在某种程度上赋予了艺术作品真实的物质价值。时至今日，越来越多的艺术家正在拥抱这一新型的技术和思维方式，投身到 NFT 数字艺术作品的创作中。现在，在 NFT 商城中，人们可以看到各式各样风格迥异的视觉艺术作品。

数字软件巨头 Adobe 公司也对 NFT 市场的蓬勃发展推出了相应的测试功能。结合 NFT 艺术市场，该功能可以为数字艺术 NFT 创作者提供内容凭证，用来确定艺术作品的独一无二性。

四、AI 绘画的冲击

2016 年 3 月，人工智能 AlphaGo 在五局比赛中击败围棋大师李世石，这是计算机围棋程序首次在没有让分的情况下击败九段职业棋手，该新闻瞬间在世界范围内轰动，AI 人工智能挑战人类的思考再度冲上热搜。大数据结合人工智能，使计算能力强大于人类几百万倍的人工智能得以利用庞大的数据库进行学习，进而在各个领域冲击着人类的认知逻辑。似乎科幻大片中人工智能做梦的情景随时都有可能成为现实。科技先锋、特斯拉 CEO 埃隆·马斯克在接受《纽约时报》采访时表示，人工智能将很有可能在未来 5 年在诸多领域取代人类。先进的人工智能正在各行各业中逐步取代着人类，其中数字绘画领域便是最有被取代风险的行业之一。

2022 年 9 月，杰森·艾伦的作品《太空歌剧院》(*Théâtre D'opéra Spatial*) 在科罗拉多州博览会的艺术比赛中获得了第一名，这本应是一次平平无奇的获奖，但是却引发了数字艺术圈的激烈争论。起因便是杰森·艾伦的作品并非自己绘制，而是通过最新的 AI 制图软件 Midjourney 制作而成。此次获奖刷新了人们的认知，AI 绘画取代人类的言论层出不穷。在 Midjourney 中，创作者只要输入几个关键词即可创建复杂、逼真的画面。AI 创作的作品完成度极高，这让许多数字艺术家感到恐慌。也有一批艺术家认为这 AI 绘画就是高级的抄袭，并以此来批判杰森·艾伦的做法。还有一些艺术家认为，AI 绘画不应该带来恐慌，而是可以作为艺术家创作的垫脚石，成为帮助艺术家快速思考、获得灵感的工具。一时间各种观点层出不穷，众说纷纭。在未来，AI 与数字艺术的关系将会随着人工智能技术的不断完善越来越紧密。莫里斯·康提（Maurice Conti）在 2017 年的 TED 演讲 "直觉性人工智能，不可思议的发明"（"The incredible inventions of intuitive AI"）中谈道，我们正在进入一个全新的时代，人们正在被人工智能插上翅膀，变成超人类，完成之前完全不敢想象的壮举。

五、发展趋势

梳理数字绘画技术和风格的脉络，不难发现，数字绘画的发展可以说是整个人类艺术、科技、文化进程的缩影。起初，人类研究数字绘画技术的目的非常简单，就是让数字绘画更加贴近现实绘画的模式和质感。从手绘板到数位屏，从单纯的黑白到绚丽的彩色，再到丰富的材质，数字绘画的优势逐步体现，越来越多的设计行业从现实的物质材料转移到数字平台，环保、便于修改、高效等优势展露无遗。快速的想法输出让设计师、艺术家们可以更快、更直观地利用数字图像表达自己的想法。

数字绘画的快速发展时期将带来科幻电影和特效电影的飞速发展。伴随着人类构建虚拟现实的渴望，虚拟和现实的界限被一再模糊。人类渴望实现和幻想过的场景都可以在虚拟现实中借助屏幕呈现出来，人类可以在屏幕的另一端书写不一样的自然，数字绘画便是这一新世界的钥匙之一。

伴随着人工智能和大数据的不断崛起，快速高效地进行单一图像的输出已经不能满足人类表达的需求。视频、动态，更加感官刺激、更加直观的表达方式越来越受到人们的青睐，科幻的、奇妙的世界观层出不穷，通过电脑屏幕和电影大幕，甚至手机屏幕，人类尽可能地表达着自己的畅想以及对未知的渴望。设计师、艺术家的设计重心也从点时间逐渐过渡到段时间。写实、叙事、潜意识、交互，这些名词成为当下视觉艺术市场的主旋律。

英国著名新媒体艺术家罗伊·阿斯科特（Roy Ascott）在他的著作《未来就是现在：艺术、技术和意识》一书中写道："实际上，一个全新的实践领域正在出现,其中艺术、科学和技术的分类正在失去相关性;而倾向于包含各种学术、文化、宗教和政治领域的广泛联合。互动观众,褪去了过去总是被赋予的被动角色,将日益参与到科技智力的接收者中。"可以说,数字绘画的繁荣发展是人类文化科技发展的必然结果和产物。数字绘画便携、环保、绿色、高效,更加便于新型互联网传播模式,在不知不觉中,数字绘画已经悄然地融入了我们的生活,它正在以势不可当的趋势更改着人们的审美取向、观看习惯和观看角度。科技发展与人类欲望和感知的不断碰撞将会孕育出新的艺术形式和发展脉络,从单一的绘画、物品设计到事件设计、用户体验设计,再到现在的交互新媒体设计,人类的艺术变革之路正在悄然发生,点点滴滴的量变,将会带来巨大的质变。

带您看懂毕加索
——西方绘画中的抽象与具象因素

秦 烨

引言

随着经济的发展，人们的物质生活水平有了极大提高，因此对文化的需求也越来越高。近来北京的各种美术展览中，在798艺术区举办的毕加索大展尤为引人注目。但据我了解，看完展览的观众（包括我们艺术设计系的学生）大多会觉得白花了180元的门票费，什么也没看懂，甚至很多人怀疑毕加索是个骗子，"大忽悠"。其实在西方艺术史上比毕加索能"忽悠"的人多了，比如当代艺术的开启者杜尚的作品《泉》，把一个小便池拖进了展览馆，硬说这就是艺术。（图1）那是不是西方的艺术真的死亡了呢？其实不是的，我们国人不理解这些很可以理解，原因只有一个，我们生活在东方，有我们一套东方文明古国的传统思维方式，对西方艺术的发展史没有深刻的

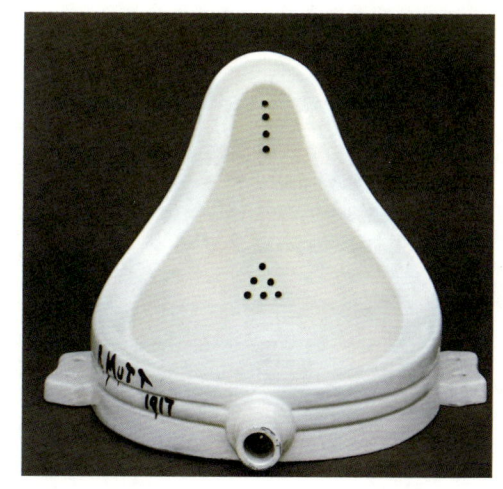

图1 杜尚《泉》

体会和了解，因此不了解西方的艺术发展史就很难看懂他们的作品，单单解读一两张作品是不可能理解毕加索究竟做了什么的。因此本文想借助这个题目，吸引一下读者的眼球，而本文更重要的目的是以我的理解分析一下西方绘画发展史中抽象因素与具象因素的关系。

一、西方艺术简史

关于西方艺术史有太多的专著，我就不用赘述了，我只是为了后面的论述罗列下表，挑出几个重要节点引入我的主题。

表1

史前	史前美术			
前15世纪—5世纪	古希腊美术	伊特鲁里亚美术	古罗马美术	
中世纪	爱尔兰—萨克森和维京美术	加洛林美术	奥托美术	罗马式美术
	拜占庭美术	哥特式美术		
14—18世纪	文艺复兴	风格主义	巴洛克艺术	洛可可
	浪漫主义	新古典主义		
19世纪	现实主义	巴比松派	前拉斐尔派	学院艺术
	印象派	后印象派	新印象派	变色主义
	点描派风格	分隔主义	那比派风格	综合主义
	象征主义	哈德逊河派		
20世纪	现代艺术	立体主义	表现主义	抽象表现派
21世纪	抽象艺术	新艺术家同盟	蓝骑士	桥派
	达达主义	野兽派	新野兽派	新艺术运动
	包豪斯	荷兰风格派运动	装饰艺术运动	波普艺术
	未来主义	至上主义	超现实主义	色面派
	极简主义	装置艺术	抒情抽象	后现代主义

(续表)

21世纪	概念艺术	地景艺术	行为艺术	录影艺术
	新表现主义	域外艺术	低眉艺术	新媒体艺术
	年轻英国艺术家派	反概念主义		
	关系艺术			

这个表格是西方艺术发展简史中的各个阶段，下面我将把古希腊美术、文艺复兴、新古典主义、浪漫主义、印象派、后印象派、现代艺术、立体主义、抽象艺术、野兽派、装置艺术、后现代主义提出来，做贯穿的分析比较。

二、抽象与具象因素的关系

在西方绘画中从古至今都是抽象因素与具象因素并存的。而我总结的西方绘画发展史就是一个抽象因素从隐藏于具象因素之下逐渐到主导的过程。首先我们先来了解什么是画面的抽象因素和具象因素，就我自己的理解而言：

抽象因素，是指画面中的结构关系，包括构图、黑白布局、色彩关系等；

具象因素，是指画面所描绘的具体景物。

从古至今，抽象因素都是西方绘画中衡量艺术家及作品水准的决定因素，只是在古代，抽象因素被具象因素隐藏在画面里，需要懂行的评论家分析出来；之后，抽象因素逐渐向前，具象因素逐渐隐退，直到印象派时期基本达到了平衡点。印象派之后抽象因素逐渐代替具象因素，霸占了画面，最终有些流派驱逐了具象因素。

西方艺术评论家贡布里希在其被誉为"艺术《圣经》"的巨著《艺术的

故事》里说："没有艺术这回事，只有艺术家。"我也不再赘述已经由各位艺术评论家撰写的西方艺术史，下面仅仅从画面入手分析西方绘画抽象因素与具象因素的关系。

（一）古希腊美术和文艺复兴

古希腊艺术是西方文化艺术及科技的起点，也是根源，在古希腊，艺术同属于科学，古希腊神话传说中缪斯女神主司科学和艺术，因此艺术与科学在古希腊是并存的，他们把艺术数学化，把数学艺术化，比如至今公认的构图最美方式的黄金分割定律就是古希腊时期提出的。另外我们现今的艺术门类，诗歌、舞蹈、音乐、绘画也是在古希腊被规定的。因此自古希腊起西方文化便以科学、哲学和艺术三大途径浩浩荡荡地开启了人类认知世界的各种尝试。这个时期，建筑、雕塑的地位远高于绘画，绘画的理论基本来自建筑与雕塑，因此很少有特别出色的绘画作品留世，但对于美的标准的争论是古希腊时期留给后人的最有价值的启迪。

古希腊美学思想丰富而广泛，涉及政治、哲学、艺术、伦理、心理、教育等众多领域，触及了美学和艺术中的诸多根本性问题。例如美的本质，美与丑的相对性、绝对性，美的形式与内容，美与善的关系，美感与快感，美感的特质，艺术与现实的关系，艺术与摹仿，艺术的社会功能，艺术创作的源泉，艺术典型，艺术分类，悲剧，审美教育等问题。古希腊美学大致经历了以下三个发展阶段。第一，自然哲学阶段。主要代表人物有毕达哥拉斯、赫拉克利特、德谟克利特等。这个时期的哲学家所关注的，主要是自然本源问题。他们把美看作自然本身的一个本质特征，因此把对美的思考限于对自然的思考之内。第二，人文哲学阶段。主要代表人物有苏格拉底、柏拉图。苏格拉底把哲学从天上拉到地上，哲学家们开始以人为尺度来认识世界，力图找到包括自然、人与社会在内的宇宙本体。他们把美看作超越现象的独立存在，对美的思考转向对理念的思考。第三，艺术哲学阶段。主要以亚里士多德及其《诗学》为代表。在悲剧、雕塑、建筑等艺术获得充分发展的基础上，哲学家对艺术美的兴趣取代了对抽象美的兴趣，艺术被看作美的主要载体。

因此古希腊对艺术的规定，实际上一直就是西方艺术的发展线索，概括地说，美就是一个法则，是我们这个世界和谐运转的基本法则，符合这个法则的便是美，不符合的就是丑。而这个法则就是一个抽象因素，因此自古希腊，艺术哲学中这个抽象因素占据着艺术的主导地位。

古希腊、古罗马之后，西方进入了漫长的中世纪阶段，这个阶段的一切科学、艺术都是为了宗教服务的，被史学家们认定是西方的黑暗时代，尽管不乏有很多圣像画是非常优秀的，但对于艺术的承上启下没有太大的意义。（图1）

上面提到了科学、哲学和艺术自古希腊起就成了西方人认识世界的并行途径，但科学永远占据着主导地位，自哥白尼提出了日心说，尽管他学说的宣传者布鲁诺被教会烧死，但日心说却流行了起来。此时，文艺复兴的思潮已传遍欧洲。所谓文艺复兴就是复兴古希腊的文化艺术，古典主义复兴第一次被提出来。在西方艺术史中这个古典主义被多次在前面加了个"新"，但再怎么新，指向的都是古希腊，所以西方艺术的变革一直是围绕着古希腊文化进行突破、否定再回来的。

文艺复兴自14世纪开始，人们重新回到科学、哲学和艺术并行的时代，一个个科学、艺术巨人诞生，因此那个时代也被称作"巨人时代"。很多艺术大师兼建筑师、雕塑家、画家和科学家为一身。这个时期以乔托为代表的绘画大师把绘画艺术提高到了前所未有的高度。乔托对古希腊的美学深有研究，虽然画面还是讲述的《圣经》故事，充满戏剧性，但画面的抽象构

图2 乔托《哀悼基督》

成因素非常讲究，甚至被现代主义时期的包豪斯学院作为重要解构教材。

图2中山坡的斜线穿插进左侧的直立人群，斜线的位置在画面上下的黄金分割区域，四个半蹲和全蹲的人物背部线条的四个方向，右侧两个站立的人物，基督的圣体在下部左右黄金分割区域。这些构成因素都围绕成从耶稣圣体散发出来的错落有致的形式。最后是顶部零星聚集的小天使，显得

很活跃，似乎人们的哀悼在天使看来是不必要的。色彩以粉红与淡绿对比色为基调，庄严而素雅。

文艺复兴鼎盛时期的巨人"艺术三杰"更是被后人熟知。下面介绍非常有时代代表意义的一张画，拉斐尔的《雅典学院》。（图3）这个时期，科学发现了透视学，这张画是典型的中心焦点透视，亚里士多德和柏拉图两位古希腊文化艺术的引领者的头部正好是焦点透视线穿过的位置。完全正视的拱门笼罩了白色大理石建筑，衬托出各色衣服的古希腊学者，色彩以蓝橙对比色为基调。人物刻画精致，每一个科学和艺术大师都有其特定的动态，画面庄严神圣又有趣，是抽象因素和具象因素完美结合的典范。

图3　拉斐尔《雅典学院》

（二）新古典主义和浪漫主义

意大利文艺复兴像火种燎原一样迅速传遍欧洲大陆，德国、奥地利、西班牙等大师频出，油画技法被西方各国普遍使用，技法已经登峰造极，他们已经可以越来越真实地从二维虚拟出三维的效果，具象的地位被极大地扩大化，人们满足于平面虚拟出的三维立体的视觉幻觉，但真正一流的大师依然是画面中抽象因素做得好的。西方艺术中心也逐渐转到法国，在经历了巴洛克和洛可可等贵族享乐的艺术潮流之后，古典主义再一次被提出，这是在文艺复兴的"新古典主义"之后的又一个新的古典主义。画面的古希腊的美学抽象因素再一次站出来。我们来看一幅当时新古典主义巨匠安格尔的作品《大宫女》。（图4）右侧帷幔被女人拉了一下，那不是随意拉动的，是为了整个画面构图中的两个圆服务。安格尔通过对古希腊雕塑的研究，拉长了女人体的腰和臀部，彰显了女人体的性征美感，让整个女人体既浑圆又有庄

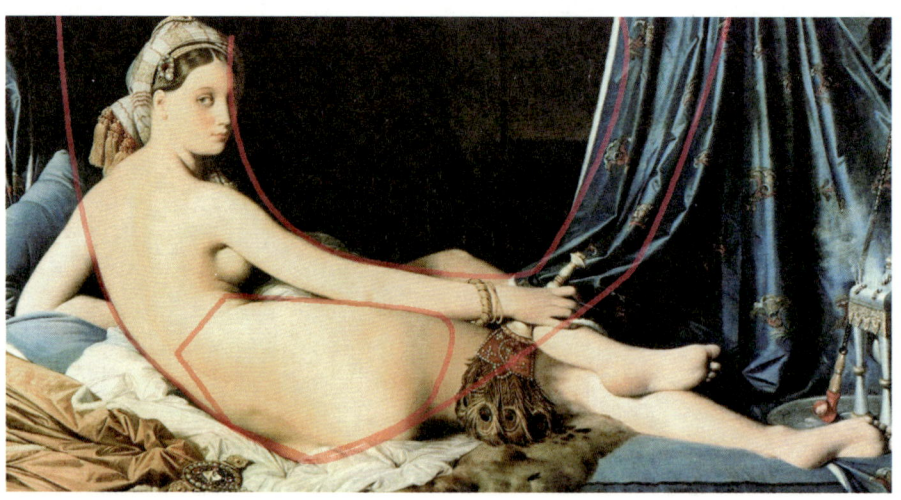

图4 安格尔《大宫女》

重的魅力。然而这个拉长也让画家头疼，就是腰臀后面的那条腿无从安置，它只好如患小儿麻痹一样被隐藏了起来，是画面整体的抽象因素战胜了描绘物象的具象因素的很好的例证。整个画面蓝橙对比色简单明了，皮肤质感刻画精致入微。我记得在法国奥赛博物馆看到这张画时，它很容易地从众多大师作品中脱颖而出，彰显了抽象因素和具象因素完美结合的强大力量。

新古典主义之后，西方绘画又陷入了以古典主义美学教条为衡量的绘画，限制了艺术的开拓。这时浪漫主义绘画诞生，力图打破教条另辟蹊径，但怎么打破？依然是抽象因素跟具象因素决定画面。这是浪漫主义先驱籍里柯的代表作《梅杜萨之筏》。（图5）画面主体构成由各种人物组成了一个不规则的三角形，突出了画面的动势。桅杆和另一组人物对整体动势起到了稳定作用，海平线在黄金分割线上，画面呈现微弱的红绿对比色关系。

图5　籍里柯《梅杜萨之筏》

人物造型充满力量，有人类在自然灾害面前的恐惧与奋争的力量，震撼人心。有评论家评论说浪漫主义预示了法国资产阶级大革命。

（三）印象派和后印象派

既然每一次艺术的重大变革必然是伴随在科学的新认识，那么这一次绘画的巨大革命更不会例外。大航海时代的世界漂流，让西方了解了地球的全貌，也带来了世界各地的文化。自尼德兰革命之后，西方围绕新兴资产阶级的革命接踵而来。法国、美国等大国经过本国内的改组完成了资产阶级革命，日本也经过对自己国家政治的全盘西化、带着东方神秘色彩加入了资本主义国家的阵营。这么热闹的大变迁中，艺术怎么可能保守呢？老贵族们抱着古典主义的教条不放，束缚着艺术的发展。在19世纪后期的西方艺术中心法国，绘画的官方发言权掌握在学院派手中，他们主张沙龙艺术。马奈、毕沙罗等一群画家开始挑战陈腐的学院派，他们被沙龙艺术排挤，无权参加国家美展，就组织了落选画家展，评论家抨击展览作品"不是作品，仅仅是印象"，这个抨击给了这群画家最好的赞扬，于是这群落选画家为自己命名"印象派"。

其实印象派从诞生到结束都是很尴尬的，但是对西方艺术的贡献和地位是极高的，其开启了现代绘画艺术的大门。为什么这么说？这对本文题目的引出也有很大作用。印象派的诞生是在牛顿力学提出的170多年后，这时整个世界已经公认了万有引力的存在，人们兴奋地意识到，我们都不是孤立存在的，而是在所有物体的相互作用的"场"中存在的。印象派的作品独立的形象是模糊，画的实际上就是物体互相作用的"场"，或者说关系，绘画从画东西转为画关系。印象派另一个重要的革命是对色彩的认识，光谱的发现给了印象派科学分析光色的指示。色彩两大关系被明确了："补色关系""冷暖关系"。美的法则发现更丰富了，也就是更加强了画面的抽象因素。图6是印象派的外光写生的先行者、后来的印象派大师莫奈的老师布丹的作品。我们可以看出画面里人物、景物都虚化了，而一个充满潮气的午后多云的海边的整体氛围扑面而来。多云的天，泛起的波浪和人们被海风吹起的衣角等等都表现了这个场景中人物与场景之间在此时此景中的关系。

再看一幅印象派"印象"之由来的、在当时最有争议的画——莫奈的《日出·印象》。（图7）看似潦草的笔触，表现了海上日出的整体氛围。蓝橙补色关系明确地概括了画面的色调。

印象派带来的"画关系"的革命奠定了后印象派观察世界的方法，但为什么会有后印象派呢？后印象派时期正是西方文明与东方文明撞击最频繁的时期，大航海和世界贸易文化的往来，让西方世界接触了他们以为的东方文明。东方人认识世界的方式是从"我"出发的，也就是所谓的"天人合一"。这里的"天人"实际上是两个层次，第一是放下自我融入天道，第二层是在天道里找到属于自我的唯一坐标。因此我们可以这样理解印象派和后印象派的关系：印象派放下自我，寻找这个世界的存在的关系，而后印象派在关系里强调了自我的存在。图8是全世界人都喜欢的一张画：《星空》，凡·高表现的不再是视觉所见的星月夜，而是"凡·高"独有的，旋转而燃烧的星空。画面有很强烈的蓝橙补色关系。

图9是另一位后印象派大师高更的作品，人物被平面化处理，接近了几何形，对，几何形！艺术再一次跟数学同轨，高更就是一面旗帜，引领了当时西方艺术中心——巴黎的艺术潮流。图10是另一位后印象派巨人塞尚的作品《圣维克多山》，塞尚被誉为现代艺术之父。为什么这个笨拙的画家会那么厉害，成了现代艺术那么庞大而纷乱的"系统"之父呢？他到底做了什么呢？是"秩序"！塞尚开始把视觉所见归纳成画面的秩序，进一步寻找

图6　布丹作品

图7　莫奈《日出·印象》

图8　凡·高《星空》

图9　高更作品

图10 塞尚《圣维克多山》

世界存在的本质。抽象因素开始成为画面的直接表现,这些开启了现代艺术中抽象因素的绝对主导地位。

(四)现代主义的反传统

自塞尚开启了画面以"秩序"主导之后,西方艺术走进了现代主义时期,"反传统"成了现代艺术的口号和标志,但实际上反传统并非反了真正古希腊传承下来的美的传统,而仅仅是削弱或者驱逐了视觉所见的物象,"镜花水月"被艺术家们个人体验的对世界的格局秩序代替。"解构"一词被提出,艺术家们开始沉迷于分解视觉物象,重组画面秩序。

本文的主角毕加索登场了,说到这里,我相信读者们不会再觉得毕加索的立体主义多么高深了吧,他说"塞尚是我的老师"。立体主义也就是在现代主义"解构"的理念中诞生。把视觉所见分解重新组成画面，力图在绘画的平面二维中更多地表达事物的多角度。画面的构图、色彩原理实际还是古希腊传承下来美的法则。

既然标题是"带您看懂毕加索"，本文就多谈一些毕加索吧。毕加索此人作为一个时代的艺术巨匠绝不是浪得虚名，艺术几乎贯穿了毕加索的一生，作品风格丰富多样，后人用"毕加索永远是年轻的"的说法形容毕加索多变的艺术形式。史学上不得不把他浩繁的作品分为不同的时期：早年的"蓝色时期""粉红色时期"，盛年的"黑人时期""分析和综合立体主义时期"（又称"立体主义时期"），后来的"新古典时期"，等等。每个时期的作品都堪称大师级别。

先看"蓝色时期"和"粉色时期"，这是毕加索早年的艺术尝试，那时的他贫困潦倒，画画还没有那么明确的创新意识。但画面传达的淡淡的忧伤和简练有力的造型意识已经可以奠定其在世界艺术史中的大师地位了。这时期作品色彩比较单纯，有微弱的补色关系。（图11—图13）

毕加索一生从未停止过对艺术道路的探索，在每一次的探索中都积累了大量的优秀作品。"黑人时期"也称"非洲时期"，这一时期毕加索研究了"黑非洲"的艺术造型，结合古希腊的造型，简练而有力度，直接影响了毕加索的造型样式，色彩也很浓郁火热。（图14、图15）

毕加索一系列的艺术尝试都影响了他成熟期的创作，随之诞生了他立体主义时期的代表作《亚威农少女》（图16），被专家们认定是第一张有立体主义倾向的作品，是一幅具有里程碑意义的著名杰作。它不仅标志着毕加索个人艺术历程中的重大转折，而且也是西方现代艺术史上的一次革命性突破，引发了立体主义运动的诞生。这幅作品很好地诠释了毕加索此前的各种艺术尝试：蓝色时期的蓝及粉色时期的粉，黑人时期的造型，对构图几何

图11 毕加索作品　　　　　　　　　图12 毕加索蓝色时期作品

图13 毕加索粉色时期作品　　　　　图14 毕加索黑人时期作品1

图15　毕加索黑人时期作品2

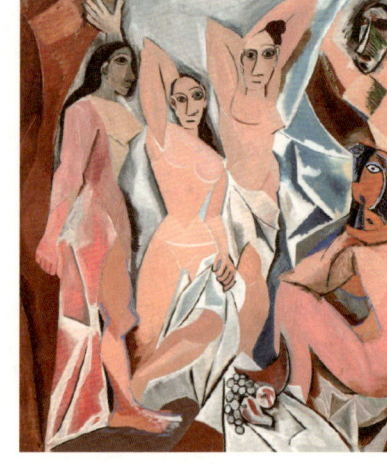

图16　毕加索《亚威农少女》

造型的研究。之后毕加索也有很多尝试，最终陶醉于对古希腊回归的"新古典时期"，"古典"前面再一次被加上了"新"。《海边的女人和孩子》（图17）不见了立体主义时期的"解构"和几何体，色彩像古代湿壁画般简练而庄重，造型单纯有力。

同时期的现代艺术大师们也都做着各自的新尝试，但整体尝试都是对画面抽象因素的提高、具象因素的减弱。（图18—图21）

抽象主义大师们更是以线条、色彩等抽象因素占据了画面，驱逐了具象因素。

（五）后现代主义的另立旗帜

后现代艺术直到当代艺术，是一个混乱的时代里混乱的艺术构架，之所以混乱，是因为人们开始怀疑。第二次世界大战，全世界几十亿人卷入团

图17　毕加索《海边的女人和孩子》

图18　康定斯基作品

图19　波洛克作品

图20　蒙德里安作品

图21　马列维奇作品

体大混乱的残酷，使人类丧失了对团体的信任而追求个性。科学对宏观和微观的新发现，也使人们开始怀疑牛顿力学的传统，相信多维空间的存在。所以，我们这个时代的艺术也都是从怀疑出发的，因怀疑而去打破。因此当代艺术主要是打破而不是树立，发现各种可能性。

三、总结

通过以上对西方绘画从古希腊时期到当代艺术的按照我自己理解的简介，是不是可以这样说，西方绘画史就是一个抽象因素逐渐扩张、具象因素逐渐收缩的过程。这样的一个概述不知道能让您看懂毕加索了吗？当然"道可道非常道"，能说出来的道都不是道。本文仅仅是我个人在画画过程中的一些思考，做不到专家们的有根有据、理论扎实的论述。

"形态构成"课程教学解析

徐晓彤

"形态构成"作为戏剧影视美术设计专业大学一年级即开设的专业基础课，是一门旨在开阔想象空间、拓展创新思维、提升审美能力的重要课程。该课程侧重通过理论思考和实践训练来启发学生的观察力、想象力和创造力。卓越的视觉表现力是每一位舞台艺术设计从业者必备的专业能力，如何运用视觉语言向观众进行准确而有效的信息传递、观点表达、情感交流，即"形态构成"课程的主要教学目标。学生通过对视觉要素构成的基本原理、规律和方法等内容的学习，逐步掌握抽象形态的特质及其构成规律，从而为后续专业课程的学习打下良好基础。由于"形态构成"涵盖内容较为宽广，包括平面构成、色彩构成、立体构成等三大模块内容，鉴于篇幅所限，本文仅以平面构成教学实践经验为例，结合具有代表性的课堂作业进行简要论述。

一、用形式揭示本质

"形式是内容的外部表现。"[①] "没有一个视觉式样是只为它自身而存在

---

① [俄] 瓦·康定斯基：《论艺术的精神》，查立译，中国社会科学出版社1987年版，第76页。

的，它总是要再现某种超出它自身的存在之外的某种东西。这就是说，所有的形状都应该是某种内容的形式。"① 在设计的视觉空间中，形式不仅意味着形状、形态，更要与其内容本质紧密关联。借助这种关联，一切视觉要素——点、线、面、色彩、肌理才能获得生命，进而才能成为有效的媒介，将特定的主题或思想向观众显现出来，此时形式也才能具有丰富的内涵和深刻的意义。20 世纪初，英国形式主义美学家克莱夫·贝尔的著名论点，即艺术是"有意味的形式"也在强调同样的问题。贝尔认为线条和色彩的构成可以激发人的情感，抽象的形式可以表现情感，"以某种特殊方式组合起来的线条、色彩、空间等形式以及形式之间的关系，它是一切视觉艺术的共同性质"。② 因此，教师要在明确设计目的的前提下，注重引导学生改变常规观察视角，转换惯性思维方式，鼓励他们通过对视觉要素不断拆解、重构等实践练习，掌握多种规律性、经验性的构成方法，不断发掘形式要素之间的关联性以及表现的潜在能力，进而从普遍的形式中开拓新的意义空间，这也成为形态构成课的主要任务之一。（图 1）具体从以下两方面入手。

（一）强调将具象转化为抽象

具象，是指能够直接感觉到的事物具体的形象；而抽象，则是挖掘事物的本质，并进行凝练概括，它是对具象事物本质的反映。正如沃林格所述，通过抽象，人们摒弃偶然性和不确定性，提取外在世界物象的本质特征，并赋予其永恒的价值，从而消除自身对外在世界难以认知的恐惧，最终探寻到生命的立足之处。因此，在形态构成训练中，不断强调从具象到抽象，也

---

① [美]鲁道夫·阿恩海姆：《艺术与视知觉》，滕守尧、朱疆源译，四川人民出版社 1998 年版，第 115 页。
② 王宏建、袁宝林主编：《美术概论》，高等教育出版社 1994 年版，第 484 页。

图1 面的构成
作者将偶然形态的实体的面,与精细刻画的虚面进行解构重组,二者的并置与融合赋予新的视觉形态以强烈的意义空间

是引导学生从对外部世界的模仿逐步走向独立思考和创造的过程。教师强调将具象转化为抽象,是激发学生寻找认识自我、表达自我的有效方式。(图2—图4)

宗白华先生在解析艺术的"价值结构"时认为,艺术是三种主要价值的结合体:一是"形式的价值",就主观感受而言是"美的价值";二是"抽象的价值",就客观而言是"真的价值",就主观感受而言为"生命的价值"(生命意趣之丰富与扩大);三是"启示的价值",就主观感受而言为"心灵的价值",即"心灵深处的感动"。[①] 这样的艺术境界结构框架,也正适用于引导学生深入理解抽象的视觉形式的精神作用和价值属性,进而掌握如何在

---

① 参见王岳川编《宗白华学术文化随笔》,中国青年出版社1996年版,第205页。

图2 线的构成

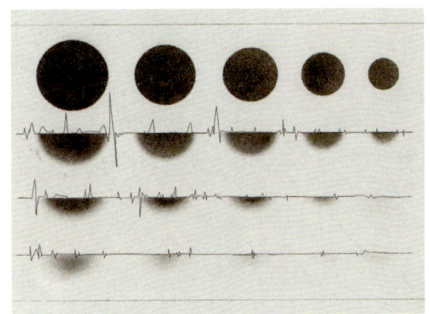

图3 渐变构成

图4 视觉要素综合构成

形式要素中，如线条、色调、韵律、布局、造型等呈现出的结构、平衡、秩序中进一步赋予作品感染观众的力量，最终达到领悟人生真谛的境界。

（二）构建视觉隐喻

隐喻作为一种修辞手法，常常在设计作品中被用来表现难以言说的情绪和较为抽象复杂的观念，有利于将这些抽象晦涩、难以理解的内容视觉直观化，从而有效引发观众对作品深层意义的理解，提升作品的意义表达，丰富作品的审美内涵。隐喻不仅是一种抽象的视觉组合，也是一种心理意象。

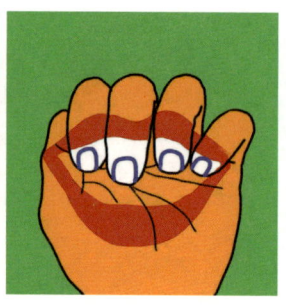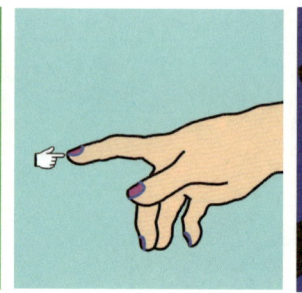

图5　视觉形态的隐喻　徐樱洲
作者将手势表达的信息与潜在语言信息进行了巧妙的嫁接、重构，具有强烈的隐喻性和象征性

隐喻给设计者提供了形式语言表达的多元化选择，它将富有特征的表现与极具意义的内在展现在观众面前，让观众透过特征对内涵的投射，到达特征以外的更富有启发性的意义解读层面。

通过隐喻，学生的想象力和创造力得以不断被激发并鲜明地体现出来，尤其是在处理那些最普遍的题材和最为老生常谈的故事时。因为从形意重构的本质上来看，他们必须先打破对固有事物的传统思维认知，找寻出典型性特征和深层次逻辑关系，然后进行重新审视、重新思考、重新演绎。（图5）

二、结合课程思政，提升综合素质

培养优秀的设计师必然要在高水平的综合素质提升上下功夫。课程思政内容为培养学生树立积极的人生观、世界观和价值观，具备较高的传统文化底蕴，开拓人生视野，生发爱国情感和使命担当精神，培养良好的职业道德提供了有利的平台。（图6—图8）将课程思政巧妙合理地融入形态构成

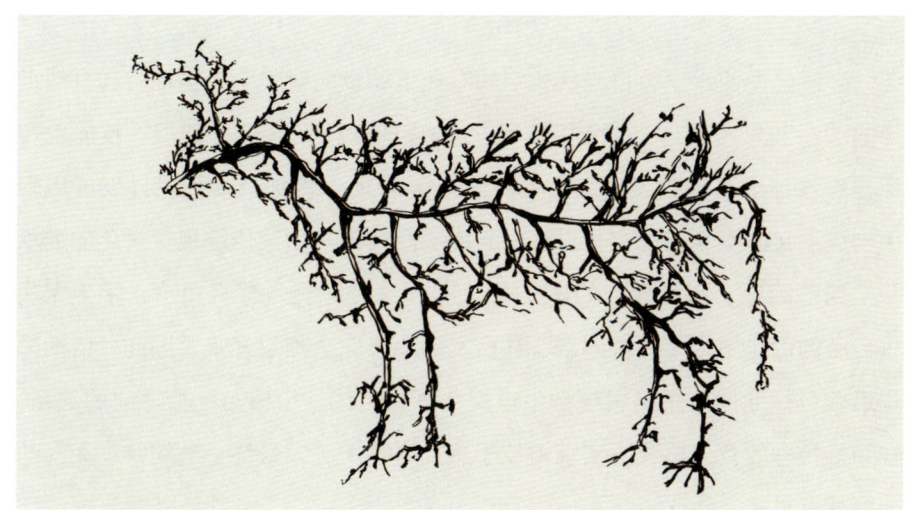

图6 线的构成 王子楠
作者借助不同生命形态的巧妙整合,将对自然环境的人文关怀表达得淋漓尽致

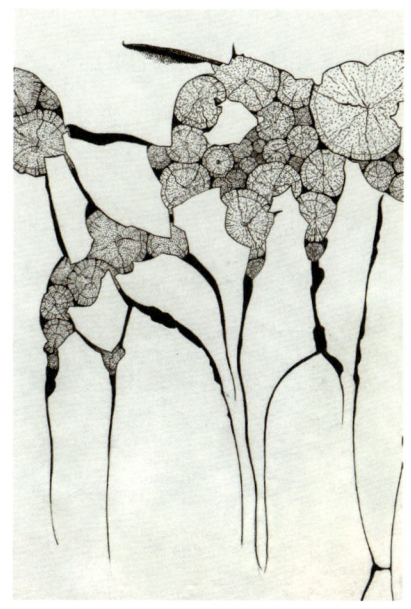

图7 面的构成 田湛
支离破碎的面的形态暗示观众应对自然环境的破坏的警醒和关注

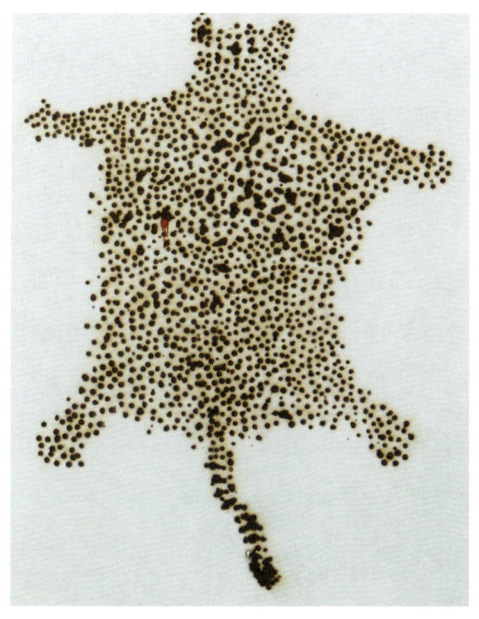

图8 点的构成 崔晓东
烧灼的抽象的点与野兽身上的纹理巧妙整合为一体,同时暗示了人类残酷行径的触目惊心

课，必然会促使学生将目光从狭窄的专业范畴投向对整个人类社会和自然世界的关注和思考上。与此同时，形态构成课程很大一部分知识、技能也与课程思政理论有着相当程度的关联性和交叉性。例如，现代设计发展历程中构成主义的探索与民主化思想，当代工匠精神与中国传统视觉文化的继承与发扬等问题，都是课程的重要内容。在这种综合教育视角下，学生无法将自己的创作主题与环境因素、社会发展趋势完全割裂开来，因此，借助课程思政目标导向，正确引导学生审视个体与个体、个体与社会之间的关系，在知行合一的育人模式下实现增技于美、树德于美，最终达到润物细无声的无痕教育目的。

最后，仍需看到的是，知识的消化和吸收需要时间，更遑论构成意识本质上就是一种思考的方式，学生的形象思维由感性上升到理性，由表面现象深入内在本质的思考，从常规思维向多元思维拓展更需要一段时日才能沉淀、转化。形态构成课虽然作为基础课设置在低年级，但其理性的思考逻辑和从具象到抽象的视觉语言建构，对于尚未进入专业设计学习、尚未形成设计意识的学生来讲，在理解和掌握上都存在一定难度，尤其是将理论应用于实践，转化为设计创作理念的环节上。一部分同学即便在课程结束之时也还处在半懂不懂的迷糊状态。就此，教师可以在高年级的专业设计课上继续将视觉形态构成的基本原理和创作规律与专业设计结合起来进行梳理和引申，最终达到多角度、多方位提升学生的创新能力，让创新意识深入设计实践之中，使学生的创造天赋得以充分发挥。

设计元素的创新融合在舞台人物造型中的视觉呈现
——以高校联盟人物造型设计大赛作品为例

曾 卫

创新是个体和群体根据一定的目的和任务并用一些已知的条件产生出新颖的有价值的成果和认识行为的一项活动。创新涵盖了社会的各个方面和领域，如思想创新、理论创新、技术创新，等等。服饰造型创新最根本的问题是思维的创新，思维的创新是艺术发展的动力，是艺术家保持作品艺术生命力的源泉。舞台人物造型创新主要是形态、色彩和材料的创新运用，通过融合来表达设计的主题和人物形象。强调创新思维，运用新颖独创的方法来解决问题，以超常规甚至反常规的方法、视角去思考问题，提出与众不同的解决方案，从而产生新的、独到的、有意义的思维成果。在舞台人物造型创作中，对设计元素进行颜色的变化、形状的夸张、裁切转换等手法形成新的视觉语言，把设计的过程变得轻松又有趣，通过创新融合实现舞台人物造型的视觉呈现。

一、寻找表现形式与角色之间的关联

我们在阅读剧本时，总是试图用语言和文字先去分析人物性格，如用恶毒的、单纯的、狡猾的等形容词来定位角色，但是如何把这些形容词通过具体的画面和形式架构出来，这中间需要做大量的资料搜集和整理工作。寻找表现形式与角色之间的关联对于舞台服饰造型设计师是一个关键的建立设计视觉形象的过程。如何通过服饰的廓形、色彩和材料的融合来完成视觉的呈现是值得探讨的。像大家所熟知的，暖颜色给人以扩散感，冷颜色会产生收缩感，直线条显得单调，曲线产生流动感，等等。运用造型元素来准确地表达和外化形象，通过对视觉元素的创新融合来引起观众情感的共鸣，培养设计师准确建立元素和舞台角色之间的关联能力至关重要。

张诚、包茗扬在《MODI·幻影》的设计创作中，经过对剧本的反复研究，最后提取了夜后、捕鸟人——帕帕杰诺和夜后之女——帕米娜这三个人物作为《MODI·幻影》的设计对象。从剧本中提取的关键词是夜后强大的"占有欲"，随后从这个词出发去寻找新的表现手法，寻找设计元素与角色之间的关联。在寻找拓展资料时参考了大量创意作品，比如：太阳马戏团的夸张造型、时装的审美结构、装置艺术的材料表现手法和各种戏剧形式的演出等。剧中夜后这个角色人物是一个诡计多端、自私、控制欲和占有欲极强的人。抓住这一个设计点，在视觉上以一个多面体夸张的面具来表现，运用黑白色形成强烈的对比，并以一双巨大的手操控着整个世界的方式去表现她暗地里想要控制其他人的内心欲望。捕鸟人帕帕杰诺和夜后之女帕米娜这两个角色人物，在创作时对他们的设定是通过自己的力量挣脱夜后控制的过程。为了契合主题思想，选择了运用木偶剧表现一人饰演两个角色的方式。演员的上身部分也是夜后身体的一部分，代替夜后去控制帕帕杰诺和帕米娜，而这两个角色本身则运用木偶的形式去表现操控与被操控的关系，通过在胸前做一个假人偶的表现方式找到了设计元素与角色情感之间的关联。（图1）

由任惠杰、赵明慧同学创作的《霸王别姬》是运用皮影戏的艺术表现形式与角色人物表达的主旨形成关联，她们将戏曲、皮影、箱子戏等几种舞台造型艺术结合中国传统生活服饰造型艺术。以霸王、虞姬两位家喻户晓的

图1　张诚、包茗扬:《MODI·幻影》

人物为依托，汲古纳新，博采众长，践行"融合方见生机，艺术应无疆界"的设计理念，创造出深富文化底蕴又构思巧妙新颖的造型。表现形式上将人物背面用轻木板镂空雕刻拼接组装，随着人物的律动表演一出木制的皮影戏。角色人物正面由中国传统服饰经过改良融合，创造出符合人物性格的造型，上演一出新"霸王别姬"。正反两面之间用铁条固定支撑，人与木板有一定的距离，能产生像皮影戏的操纵视觉感。通过正反两面的写实和虚幻的造型变化，不同面料和材质的对比，呈现出"人中人，戏中戏"的戏剧主题。（图2）

戚馨予、刘贝一设计作品《化蝶》的灵感来源于民间故事《梁山伯与祝英台》，在旧社会封建大环境下，生不相守死相从，在几经波折与坎坷后身化彩蝶，脱离了尘世并在他们自己的世界相遇。表达"历尽磨难真情依旧在，天长地久不分开"戏剧主题。剧中两个角色都是超脱于时代的存在，固然在人世历尽磨难，但两人的真情会凝结成蝴蝶新生，灵魂复苏便是对无情人世的反抗。设计着重想表现水墨画中山水笔墨的质感和浴火重生之感，加之蝴蝶的设计元素等表现他们二人的情感关联。作品选用了盘曲蜿蜒的纱层层相叠，用剪刀斜剪出层次，如同命运的旋涡蜿蜒延展开来，整体材质上采用了亮片纱等体现蝶翼光泽的材料。在梁山伯的服装上，使用了数码印加串珠装饰的传统云肩的造型，裙摆、肩部使用电烙铁灼烧出破败的羽翼，传达一种浴火重生的视觉效果。（图3）

任惠杰的作品《惊鸿》是对中国传统文化元素的解读，借助《山海经》中阅领万鬼的中国最早的门神神荼、郁垒，结合中国古代厚重庄严的青铜铭文与原始神秘的甲骨文，以及极富视觉冲击力的日本能面具等造型艺术，触碰文明之伊始，对话上古之鸿蒙的主题。材料上选择了稻草和藤条的元素来表达古朴，用青铜表达上古形象的历史厚重感。（图4）

图2　任惠杰、赵明慧:《霸王别姬》

 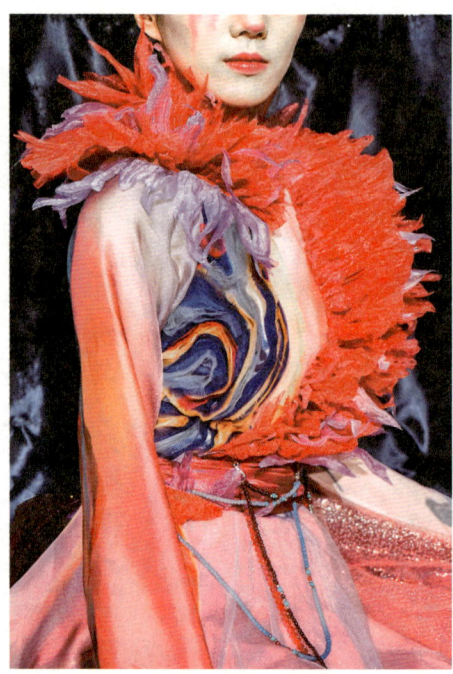

图3 戚馨予、刘贝一:《化蝶》

图4 任惠杰:《惊鸿》

二、建立导演思维，把控艺术风格

优秀的舞台服装设计师对剧本角色的理解不仅仅停留在服装、空间、灯光场景等视觉形式上，还需要从空间调度、音乐、表演风格等不同的角度加深对人物的理解，这有利于更加全面地阐释剧中的角色。所以一个优秀的设计师一定不仅仅是导演意图的搬运工和复刻，而是要具有导演思维意识，并通过服装帮助导演在动作的编排和整体气氛的营造上体现剧本的结构和主题，只有这样，人物服饰造型设计师才能在专业的道路上走得更远。参加造型大赛就给学生提供了一个建立导演设计思维的机会，从服装创意到最终表演形式的呈现，要全面考虑体现作品的每一个细节。

实践证明优秀的设计师也一定是具备导演设计思维意识的，如获奖作品的设计师张诚和包茗扬同学在考学之前就是地方院团的优秀舞蹈演员，因此对于作品的编排形式和对音乐的理解有一定的基础。他们对这次设计作品《MODI·幻影》音乐的选择有独到的见解，《魔笛》最经典的一段就是"夜后的咏叹调"。因为整个结构的定位是：帕帕杰诺和帕米娜从欢愉到被操控，再到通过自己的力量去挣脱夜后的控制三个过程。所以在 1 分 20 秒的音乐中，音乐带动表演的节奏分为三个阶段：欢愉选择的是带有八音盒效果的轻松欢快的音乐，中间加了一道雷声作为夜后出场的预示。紧接着最有代表性的"夜后的咏叹调"表现欢愉被打断，接下来陷入夜后的控制中。到后期他们挣脱成功，雷声再次出现，这次不是夜后压迫他们，而是雷声劈倒了夜后。

舞蹈的编排对于他们是强项，最开始是帕帕杰诺和帕米娜从舞台两边愉快地出场，这里的编排动作设定是双人舞的动作，一直手牵着手到雷声响起，帕帕杰诺和帕米娜的手被吓得分开，动作直接僵化，表示被控制。这时夜后通过张牙舞爪的动作表现强烈的压迫感，最后帕帕杰诺和帕米娜开始出现往上托举的反抗动作，表达试图冲破这个牢笼，夜后的动作逐渐僵化，好似是被自己束缚和打败。作品通过动作与音乐的融合很好地表达了《魔笛》中夜后这个人物角色"占有欲"极强的性格特征，利用操控木偶的形式在每个人物身上表达纯洁善良与阴险邪恶不同的两面，体现人物善变、多面、复杂的性格特点。设计师基于剧本本身的表达，通过建立导演思维的训练上升到对哲学和人性的思考：人的身体里总有另一个人在与你作斗争，那个人是谁？这取决于你自己。（图5）

图5 张诚、包茗扬：《MODI·幻影》

三、运用视觉隐喻表达精神内涵

"隐喻"这一概念最先起源于语义学,之后也被用在了非语言领域,在词源学上,英文"metaphor"(隐喻)一词源自拉丁语的(metaphora),字面意义就是将一个东西从一个地方转移到另一个地方。亚里士多德认为隐喻是一种运动,"一种从属到种,从种到属,从种到种或者通过类推转移到另一个名字上的运动"[①]。美国语言学家莱考夫与哲学家约翰逊在《我们赖以生存的隐喻》(*Metaphors We Live By*)一书中给"隐喻"下的定义为:隐喻的主要功能是理解,是以表达一事物的方式来表达另一事物。设计师在创作的过程中,利用具象的人物造型视觉元素,将角色的抽象特征和精神内核表现出来,从而实现人物造型视觉隐喻的表达。隐喻是表意的一种重要形式,而对于舞台人物造型来讲隐喻也是十分重要的,是帮助观众理解人物形象和作品内核的重要手段。

服饰的视觉隐喻是要构建一个"动作—视觉形象—表达指向"三位一体的隐喻系统,作为本体的人物形象要通过喻体的戏剧动作来表现,从而传达出作品创作的主题情感表达和精神指向。服饰造型要帮助动作来完成视觉隐喻的传达,观众通过视觉的移情和完形机制接受作品所表达出来的情感和与主题思想的对应,这样就完成了服饰造型视觉隐喻的表达功能。

李昊月、渠茹婕在做《美狄亚》戏剧人物造型时,出现两个美狄亚的形象,主要抓住人物的愤怒、悲伤、枷锁等特征来做视觉隐喻的形象指导,体现美狄亚对丈夫的依赖。当她遭受丈夫情感背叛的时候,美狄亚开始极强

---

① Aristotle, *Poetics*, trans. Joe, Sachs, New York: Focus Publishing, 2007, P. 199.

的报复，她亲手杀死自己的孩子来报复伊阿宋。设计师用裙子上烧出来的人形来表现她的两个孩子，展现出愤怒的火焰，也是对杀死孩子后伤心矛盾的情感隐喻。服装中缠绕的头、手、腿就是伊阿宋对她的束缚和枷锁，但最终女性的力量会迸发，可以将伊阿宋的头颅托起代表冲破束缚。另一个美狄亚代表悲伤，设计师选择了将裸露出来的皮肤涂成白色以增加戏剧效果，同时衬托红色的色彩元素。在角色的妆面设计上改变了原有的眉毛形态，呈现出愤怒与悲伤的情感。两个角色眼妆部分也充分运用情绪元素，向上或向下，同时加入"血泪"粘贴饰品。悲伤美狄亚角色融入了面具元素，给人一种麻木而又痛苦的感觉，也增加了妆造的层次感。唇部勾勒了一个黑桃唇和一个嘴角向下的桃唇，突出两个角色的人物特点。发型的设计上，愤怒的美狄亚依旧运用手的元素塑造了一个尖的形态，但颜色比身上的色彩要深，增加了视觉层次感。另一个悲伤的美狄亚角色运用红色长发，假发里叠加不同长度和颜色表现纱质的"手"，表演的时候可以漂浮起来，表达想抓却无力抓取的精神内涵，用手的形式来表达角色内心情感的视觉隐喻。（图6）

　　舞台人物造型的视觉隐喻与艺术作品的内核是高度一致的，同时也是互相辉映的，二者的完美搭配可以进一步升华作品主题。研究人物造型的视觉隐喻，其实也是研究戏剧人物的精神内涵，人物角色外形的塑造是为了表演服务的，是为了塑造人物的性格、推动事件的发展和情节的构造。戏剧整体意境的定位是人物造型创作的基础，通过人物造型的视觉隐喻表达精神内涵，才能创作出生动深刻的人物形象。张耘赫、赵壑玮在《戎·锈》设计中把图腾化的动物形象运用在服装上表达人物的性格与命运。戎塑造了一个狮子般威严勇猛的将士，戎的设计取材于青铜器与石狮，将狮子与饕餮纹作为主要标志，做成了胸铠。锈塑造了一个贵族女性形象，虽然华丽高

图 6　李昊月、渠茹婕：《美狄亚》

贵，却难以掌控自己的命运。锈是以牛头作为主体，用牛的鼻环叠加相连，表达权力下隐藏着锁链。（图 7）

张钧媛、靳昭丹莹、高佳苗创作的《仲夏夜纸梦》对《仲夏夜之梦》这个剧本中仙后的形象进行了全新的解读，用紫色表达仙后的浪漫，廓形上用层叠的阶梯表达权力，采用立体剪裁，逐条缝制在打底上，使服装呈现出"微风吹拂芦苇荡"的灵动视觉效果。这几组作品很好地做到了从文字到视觉形象的架构和呈现，用视觉隐喻的方式体现了剧中角色的精神内涵。（图 8）

图7 张耘赫、赵壑玮:《戎·锈》

图8 张钧媛、靳昭丹莹、高佳苗:《仲夏夜纸梦》

四、突破设计概念，完成视觉呈现

对于优秀的舞台服装设计作品，有创意的设计概念只是完成了设计工作的一部分内容，具体到服装制作的视觉体现，需要更加繁复的工艺和面料、细节的呈现。所以为了表达主题，从面料的选择到制作工艺，设计师一直在不停解决各种制作中遇到的问题，同时也在这个过程中快速成长。有些设计作品最初的创意不错，其设计概念和最初的元素提炼都很有意思，但是后期的体现跟主题的表达有一点点欠缺，不能很好地运用具体的视觉形象把概念架构出来，会有点遗憾。这应该是在设计过程中设计师很容易碰到的困难，如果不能理性地分析和加以融合，就很难达到预期的设计效果。一旦突破困难，实现了从概念到视觉实物的呈现，会极大地提高设计师的自信心和设计能力。

如张诚谈到了工厂制作阶段，从设计图转化到实物，也是艺术创作中化为"手中之竹"的阶段。中途在面料与肌理的选择处理上也尝试了无数次的失败，其实在制作的时候，最担心的是夜后这个人物背架的制作，因为整个人物高达 2.5 米多，如何做到稳固和轻便成了制作的难题。背架的材料选择了空心铝合金管，在结构上经过反复推敲，还要考虑到方便运输等问题。外化人物的面具运用最轻的鞋料做拼接，后背的纱前期就用了普通的欧根纱，以为能承受得住，谁知因为面具太大，出现了过于沉重的情况。接下来又开始寻找一些既带有通透感又有肌理的面料，最后找到了泡泡纱，通透、飘逸以及流动时的滞留感恰到好处，又带有面料的层次感。张钧媛这组的同学也同样在制作背架的时候遇到了问题，但是经过不懈努力，最终还是尽可能完美地呈现了设计图的概念。（图 9）

图9 《仲夏夜纸梦》制作

结论

综上所述，戏剧人物造型创作是在契合表演动作、创作理念和作品艺术风格的基础上，运用面料、纹理、色彩、图案、肌理的疏密布局等服饰语言，将戏剧作品的思想情感准确生动地"物化"出来，寻找表现形式与角色之间的关联，外化为作品中角色形象。研究戏剧人物造型的视觉隐喻，其实也是研究角色的精神内涵。戏剧整体意境的定位是人物造型创作的基础，设计师要建立导演思维，运用视觉隐喻的创作手法表现人物造型的艺术效果，并与观众达至共情。通过人物造型的视觉表达，突破设计概念，克服制作过程中的困难，实现"道"与"技"的合一，才能创作出生动深刻的舞台人物形象。